LE BOULIER-COMPTEUR

LE
BOULIER - COMPTEUR

PREMIERS EXERCICES

DE

CALCUL ET DE SYSTÈME MÉTRIQUE

PAR M. L. MORDACQ

Inspecteur primaire, Officier de l'Instruction publique.

LILLE

L. QUARRÉ, LIBRAIRE-ÉDITEUR

64, GRANDE PLACE, 64.

PRÉFACE

Quand on ouvre un *Traité d'arithmétique* destiné aux écoles primaires, on est sûr de trouver aux premières pages des définitions très-exactes, savantes même, de l'*arithmétique*, du *calcul*, de la *quantité*, des *nombres abstraits*, *concrets*, *fractionnaires* et tous les développements que comporte la *numération*.

Ceux qui connaissent les jeunes élèves se demandent s'il est bien nécessaire de mettre aux abords d'une étude peu attrayante, — au moins pour des enfants, — des définitions et des détails qu'ils ne comprendront bien que quand leur intelligence aura grandi, et qu'ils sauront déjà faire les principales opérations. Ne vaudrait-il pas mieux les amener à découvrir eux-mêmes, pour ainsi dire, comment se forment les nombres, et comment ils se combinent entre eux pour donner la solution d'un petit problème?

Qui de nous ne se rappellerait toutes les peines que lui a causées l'étude de la *numération*, et toutes les appréhensions quand il fallait, au tableau noir, aborder les *millions*, les *billions*, les *trillions*? Si plus tard se développe le goût des mathématiques, ce n'est certainement pas aux procédés du début qu'on le doit.

Ces ennuis, dont le souvenir est encore si vif après bien des années, on pourrait les épargner, en grande partie, aux enfants. Par une marche lente, simple, graduée, on arriverait sûrement à leur faire comprendre l'usage des opérations fondamentales et les premières données du système métrique. C'est ce que j'essaie dans cet opuscule, le pendant des *Premiers Exercices de français et d'intelligence*.

J'espère ainsi prouver encore une fois tout mon désir d'être utile.

Remarque. — Il sera bon que toute leçon soit expliquée à l'avance en suivant l'ordre des questions. Les enfants qui savent lire, pourront, au moyen du petit livre, se rappeler l'ordre des explications, et, à la classe suivante, répondre avec plus de sûreté et d'intelligence aux questions posées par le maître.

PREMIÈRE PARTIE

CALCUL

BOULIER-COMPTEUR.

Pour donner aux jeunes enfants les premières notions de calcul, on se sert dans les salles d'asile d'un petit appareil d'une très-grande simplicité appelé *Boulier-compteur*.

Il se compose d'un cadre en bois traversé horizontalement par dix fils de fer portant chacun dix boules. Ces boules, quand elles se touchent, occupent à peu près la moitié de la longueur des fils.

Cet appareil, peu coûteux et qu'on voyait naguère assez rarement dans nos écoles, peut cependant y être utile, les enfants de la classe préparatoire y trouveraient une occupation qui leur plairait, parce qu'elle les amuserait en les instruisant. Faute d'en connaître l'emploi, quelques instituteurs le considèrent à peu près comme un meuble inutile. Ce qui suit montrera qu'il peut aider à faire comprendre d'une manière rapide et sûre la *numération parlée* et la *numération écrite* des cent premiers nombres, —

qu'il se prête à une foule de petits problèmes initiant les élèves aux opérations fondamentales, — et qu'il les prépare au *calcul mental*.

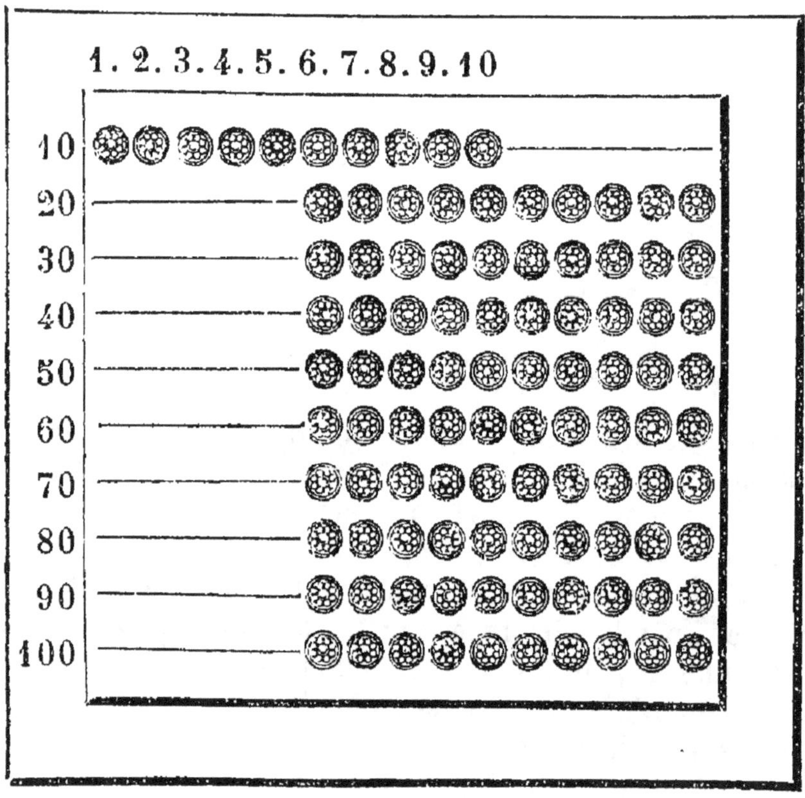

1° NUMÉRATION PARLÉE

LES CENT PREMIERS NOMBRES

I. — Étude de la première ligne du boulier-compteur. — Toutes les boules sont rangées à droite. Le maître, un moniteur ou un élève des premières divisions, au moyen d'une baguette, fait mouvoir les boules, vers la gauche, en les comptant :

UNE, DEUX, TROIS, QUATRE, CINQ, SIX,

SEPT, HUIT, NEUF, DIX.

Pour que l'élève ne croie pas que la cinquième boule, par exemple, se nomme *cinq*, il faut avoir soin de dire que *cinq*, c'est l'ensemble, la réunion des boules qu'on a placées à gauche.

Ces mots UN, DEUX, TROIS, *etc.*, sont des noms de NOMBRE. COMPTER, NOMBRER, c'est trouver le NOMBRE, c'est-à-dire combien il y a de boules, de livres, de cahiers, d'élèves, etc.

Les dix premiers nombres étant connus, il est bon de faire retenir aux enfants que :

dix boules ensemble, dix objets réunis font UNE DIZAINE;

Puis de faire appel à leur jeune intelligence par des questions dont les réponses seront trouvées au moyen du *boulier-compteur.*

EXERCICES. — 1. — Combien y a-t-il de boules dans toute cette première ligne ? — Quel nom peut-on donner à *dix* pommes, à *dix* noix ? — *Six* boules et *quatre* boules font-elles une *dizaine* ? — Paul a *huit* bons points, en a-t-il une *dizaine* ? — Combien lui en manque-t-il ?

Suite. — 2. — Combien font *cinq* crayons et *cinq* crayons ? — *Cinq* et *cinq*, est-ce plusieurs fois *cinq* ? — *Deux* fois *cinq* poires , combien cela fait-il de poires ? — Si je partage *dix* pommes entre *deux* élèves, combien chacun aura-t-il de pommes? — J'ai *dix* pommes, si j'en donne *deux* à chaque enfant, à combien d'enfants puis-je donner des pommes ?

SUITE. — 3. — NOMBRE PAIR, IMPAIR. — *Partager quelque chose en deux parts égales , c'est en faire deux* MOITIÉS : peut-on prendre tout juste la *moitié* de *dix* boules ?

Quand on peut prendre exactement la moitié d'un nombre, on dit qu'il est PAIR ; si on ne le peut, on dit qu'il est IMPAIR.

Peut-on exactement partager *huit* boules, — *six* boules, — *quatre* boules, — *deux* boules, en deux parts ?

Quels sont les nombres *pairs* que vous connaissez ? — Les nombres *un, trois, cinq, sept, neuf* sont-ils *pairs* ?

SUITE. — 4. — Chez vous, il y a votre père, votre mère, *trois* garçons et *deux* filles : combien y a-t-il de personnes ? — Y en a-t-il une *dizaine ?* — Si vous perdiez un frère et une sœur, combien resterait-il de personnes ?

Cherchez ce qu'il faut ajouter à *neuf* boules

pour en avoir *dix*, — à *huit*, — à *sept*, — à *six*, — à *cinq*, — à *quatre*, — à *trois*, — à *deux*, — à *une*. — Dites combien font *neuf* et *un*, — *huit* et *deux*, — *sept* et *trois*, — *six* et *quatre*, — *cinq* et *cinq*, — *quatre* et *six*, — *trois* et *sept*, — *deux* et *huit*, — *un* et *neuf*.

SUITE. — 5. — Trouvez ce qui restera si j'ôte *une* boule à *dix* boules, — si j'ôte *deux* boules à *dix* boules, — *trois*, — *quatre*, — *cinq*, — *six*, — *sept*, — *huit*, — *neuf*.

Combien faut-il ajouter à *quatre* boules, pour en avoir *neuf*? — à *cinq*, pour en avoir *huit*? — à *deux*, pour en avoir *sept*? — à *trois*, pour en avoir *six*?

Si j'ai *dix* noix et que je les donne à *cinq* enfants, combien chacun en aura-t-il? — J'ai *neuf* pêches pour *trois* enfants, combien pour chacun? — J'ai *huit* poires pour *deux* autres, combien pour chacun?

Comptez *deux* par *deux* jusqu'à *dix*. — Comptez par *deux* en partant de *un*. — En comptant *trois* par *trois*, — *quatre* par *quatre*, — *cinq* par *cinq*, arrive-t-on à *dix*?

(Le montrer au boulier-compteur.)

II. — ÉTUDE DE LA *deuxième* LIGNE. — Vient maintenant l'étude de la deuxième rangée de boules, étude plus longue que ne le sera celle de chacune des lignes suivantes, à cause des noms particuliers donnés à *dix* plus *un* , — à *dix* plus *deux*, etc.

Il ne faut pas oublier de faire remarquer que *vingt*, c'est *deux dizaines*, ce qui est facile à voir, puisqu'il y a *deux* rangées de boules.

onze, — douze, — treize, — quatorze, — quinze, — seize, — dix-sept, — dix-huit, — dix-neuf, — vingt.

EXERCICES. — 6. — Comment dit-on au lieu de *dix* et *un*, — *dix* et *deux*, — *dix* et *trois*, — *dix* et *quatre*, — *dix* et *cinq*, — *dix* et *six*?

Que signifient *dix-sept*, — *dix-huit*, — *dix-neuf*? — Comment dit-on au lieu de *dix* et *dix* ou *deux* fois *dix*? — Que faut-il ajouter à *dix* boules pour en avoir *onze*, — *douze*, — *treize*, — *quatorze*, — *quinze*, — *seize*?

SUITE. — 7. — Il y a des pièces de monnaie dont il en faut *vingt* pour faire *un franc*; Paul en a reçu *huit*, puis *quatre*, puis *trois* : a-t-il *un franc*? — Combien lui manque-t-il de pièces pour qu'il ait *un franc*?

Il y a *cinq* fenêtres à la classe, chaque fenêtre a *quatre* carreaux : combien y a-t-il de carreaux?

J'avais *un franc*, j'ai donné *huit* sous pour

un livre, *trois* sous pour un cahier et *deux* sous pour des plumes : que me reste-t-il ?

SUITE. — 8. — Il y a *vingt* carreaux à nos *cinq* fenêtres, combien y en a-t-il à chaque fenêtre ? — Combien *vingt* boules font-elles de *dizaines* ?

J'ai *vingt* soldats de plomb, si je les range *deux* par *deux*, combien y aura-t-il de lignes ? — Et si je les range *quatre* par *quatre*, combien de lignes ? — Si j'en mets cinq à chaque ligne, combien y aura-t-il de lignes ? — Et si j'en mets *dix* ?

Dans *vingt* boules, combien y a-t-il de fois *dix* boules ? — Combien de fois *cinq* boules ? — Combien de fois *quatre* boules ? — Combien de fois *deux* boules ?

SUITE. — 9. — J'avais *vingt* billes, j'en ai perdu *trois* fois, et à chaque fois *quatre* : m'en reste-t-il une *dizaine* ?

Un petit livre a *vingt* pages, j'en ai lu la *moitié* : combien ai-je lu de pages ?

On a donné *vingt* noix à *quatre* enfants, combien chacun en a-t-il ? — Chaque enfant a mangé *deux* noix : combien reste-t-il de noix en tout ?

J'ai un petit jardin *carré* (*si les enfants ne le savent pas, montrer ce que c'est qu'un* carré), si je plante *trois* arbres à chaque côté, combien y aura-t-il d'arbres ? — Quand je fais *cinq* pas, je parcours un côté du petit jardin, combien dois-je faire de pas pour en faire le tour ?

Suite. — 10. — Comptons *deux* par *deux*, et voyons si nous arriverons à *vingt*. — Quels sont tous les nombres *pairs* depuis *deux* jusqu'à *vingt?* — Comptons *trois* par *trois*, arriverons-nous à *vingt?* — Comptons *quatre* par *quatre*, — puis *cinq* par *cinq*. — Comptons par *deux* jusqu'à *dix-neuf*, en partant de *un*. — Comptons par *trois* jusqu'à *dix-neuf*, en partant de *un*. — Comptons par *trois* jusqu'à *vingt*, en partant de *deux*.

Suite. — 11. — Cherchons au boulier-compteur combien font *deux* fois *deux* boules, — *deux* fois *trois* boules, — *deux* fois *quatre* boules, — *deux* fois *cinq* boules, — *deux* fois *six* boules, — *deux* fois *sept* boules, — *deux* fois *huit* boules, — *deux* fois *neuf* boules, — *deux* fois *dix* boules ou *deux dizaines de* boules.

Ces *vingt* boules, pouvons-nous les partager

en *deux* parties égales? — en *quatre* parties égales? — en *cinq* parties égales?

Dites combien font *deux* fois *deux*, — *deux* fois *quatre*, — *deux* fois *huit*, — *deux* fois *trois*, — *deux* fois *cinq*, — *deux* fois *sept*, — *deux* fois *neuf*. (*Reprendre les nombres en descendant*, deux *fois* neuf, deux *fois* huit, etc.)

III. — ÉTUDE DE LA TROISIÈME LIGNE. — Dites qu'on compte après la *deuxième* dizaine, pour arriver à la *troisième*, en ajoutant à *vingt*, successivement le nom des *neuf* premiers nombres et que le nom de *trois* dizaines, c'est TRENTE.

vingt-et-un, — vingt-deux, — vingt-trois, — vingt-quatre, — vingt-cinq, — vingt-six, — vingt-sept, — vingt-huit, — vingt-neuf, — trente.

EXERCICES. — 12. — Quel nom donne-t-on à *une dizaine*, à *deux dizaines*, à *trois dizaines?* (*Montrer le rapport entre* trois *et* trente.)

Votre frère a *vingt* ans, dans combien d'années en aura-t-il *trente?*

Combien coûtent *six* plumes à *cinq* centimes l'une? — Combien faudrait-il de pièces de *cinq* centimes pour les payer? — Si c'étaient des pièces de *dix* centimes, combien en faudrait-il?

Un mois a *trente* jours, une semaine, *sept ;* *quatre* semaines font-elles un mois entier?

Suite. — 13. — Retenez ceci :

Une	fois	trois	boules	c'est	trois	boules.
deux	fois	trois	—	font	six	—
trois	fois	trois	—	—	neuf	—
quatre	fois	trois	—	—	douze	—
cinq	fois	trois	—	—	quinze	—
six	fois	trois	—	—	dix-huit	—
sept	fois	trois	—	—	vingt-et-un	—
huit	fois	trois	—	—	vingt-quatre	—
neuf	fois	trois	—	—	vingt-sept	—
dix	fois	trois	—	—	trente	—

(Mettre trois boules à chaque ligne à mesure qu'on avance.)

Dix fois *trois* boules, ou trois fois *dix* boules, est-ce la même chose ? — Si je donne *trois* gâteaux à chacun de mes *quatre* cousins, combien faut-il de gâteaux ? — Si *cinq* enfants reçoivent chacun *trois* bons points, combien cela fait-il de bons points en tout ?

Suite. — 14. — Peut-on partager *trente* pommes en *deux* parts égales ? — *Trente*, est-ce un nombre *pair* ? — Peut-on partager *trente* oranges en *trois* parts égales ? — Peut-on faire *cinq* parts égales avec *trente* figues ? — Peut-on faire *six* parts égales avec *trente* prunes ? — Si je partage *quinze* oranges entre *trois* élèves, combien pour chacun ? — Et s'il y en avait *vingt-quatre*, quelle serait la part d'un élève ?

Dans une division , il n'y a que *trois* élèves ;
dans une autre, *quatre ;* à la première je donne
neuf bons points; à la deuxième, *douze :* y a-t-il
des élèves qui auront plus de bons points les
uns que les autres ?

Suite. — 15. — J'ai *neuf* pommes pour *deux*
élèves, combien pour chacun ? — Que faire de
la pomme qui reste? — Si j'en fais deux morceaux égaux, comment s'appelle un morceau ?
(Une *moitié* ou une *demie*.)

J'ai *dix* pommes pour *trois* élèves , combien
pour chacun ? — Comment partager la pomme
qui reste ? — Comment s'appelle chacun des
trois morceaux ? (Un *tiers*.)

J'ai *trente* petits gâteaux pour *neuf* enfants ,
je leur en donne à chacun *trois*, m'en reste-t-il ?

— Si je coupe les gâteaux qui me restent en
deux, pourrai-je en donner *un* morceau à
chaque enfant ? — En combien de morceaux
dois-je couper chacun d'eux pour qu'ils en
aient chacun *un* morceau ? — Chaque morceau
s'appelle...?

Combien faut-il de *demi*-pommes pour *une*
pomme ? — pour *trois?* — pour *huit ?*

Combien faut-il de *tiers* de pomme pour *une*

pomme ? — pour *quatre ?* — pour *sept ?*

IV. — ÉTUDE DE LA QUATRIÈME LIGNE. — Montrer qu'il n'y a qu'un nom nouveau à retenir, c'est celui qui veut dire *quatre dizaines* ou QUARANTE. Faire voir le rapport qu'il y a entre *quatre* et *quarante.*

trente-et-un, — trente-deux, — trente-trois, — trente-quatre, — trente-cinq, — trente-six, — trente-sept, — trente-huit, — trente-neuf, — quarante.

EXERCICES. — 16. — Combien y a-t-il de *dizaines* dans *quarante ?* — Si l'on place *dix* élèves par banc, combien d'élèves sur *quatre* bancs ? — Votre père a *quarante ans*, vous en avez *dix*, combien a-t-il de fois votre âge ? — Combien a-t-il de *dizaines* d'années plus que vous ?

Comptez *quatre* par *quatre.*

Retenez ceci :

Une	fois	quatre	boules c'est	quatre	boules.
deux	fois	quatre	— font	huit	—
trois	fois	quatre	— —	douze	—
quatre	fois	quatre	— —	seize	—
cinq	fois	quatre	— —	vingt	—
six	fois	quatre	— —	vingt-quatre	—
sept	fois	quatre	— —	vingt-huit	
huit	fois	quatre	— —	trente-deux	—
neuf	fois	quatre	— —	trente-six	—
dix	fois	quatre	— —	quarante	—

(Mettre quatre boules à chaque ligne du boulier-compteur à mesure qu'on avance.)

Vingt, est-ce la moitié de *quarante?* — Combien y a-t-il de *dizaines* dans *vingt?* — dans *quarante?*

SUITE. — 17. — Voici *quarante* boules, comptez combien il y en aura à chaque part si l'on en fait *deux* parts. — Combien y en aurait-il à chaque part, si l'on en faisait *quatre* parts? — *cinq* parts? — *huit* parts? — *dix* parts?

J'ai *trente-quatre* pommes pour *quatre* enfants, je leur en donne à chacun *huit*, combien m'en reste-t-il? — Si je coupe en *deux* morceaux chaque pomme qui me reste, aurai-je assez de morceaux pour en donner *un* à chaque enfant? — Comment s'appelle ce morceau?

SUITE. — 18. — Si je n'ai qu'*une* pomme pour *quatre* enfants, en combien de morceaux dois-je la couper pour qu'ils en aient chacun *un* morceau? — Comment s'appelle la *quatrième* partie d'une pomme? — Dans une pomme, combien y a-t-il de *quarts?* — Dans une *moitié* de pomme, combien y a-t-il de *quarts?* — Quand on a les *trois quarts* d'une pomme, que manque-t-il pour avoir la pomme entière?

Comment ferez-vous pour partager *deux* pommes entre *huit* élèves? — Pourquoi *huit quarts* de pomme font-ils *deux* pommes?

V. — Étude de la cinquième ligne. — Mot nouveau CINQUANTE; *quarante et un, quarante-deux... cinquante.*

EXERCICES. — 19. — Combien de *dizaines* dans *cinquante* boules? (*Montrer le rapport entre* cinq *et* cinquante.)

Un arbre a fourni *cinquante* fruits, son voisin en a donné *quatre dizaines,* lequel a produit le plus?

La Pentecôte vient *cinquante* jours après Pâques, l'Ascension arrive *quarante* jours après Pâques : combien de jours de l'Ascension à la Pentecôte?

Combien *cinquante* boules occupent-elles de lignes? — Comptez par *cinq* jusqu'à *cinquante.*

Suite. — 20. — Retenez bien ceci :

Une	fois	cinq	boules,	c'est	cinq	boules.
deux	fois	cinq	—	font	dix	—
trois	fois	cinq	—	→	quinze	—
quatre	fois	cinq	—	—	vingt	—
cinq	fois	cinq	—	—	vingt-cinq	—
six	fois	cinq	—	—	trente	—
sept	fois	cinq	—	—	trente-cinq	—
huit	fois	cinq	—	—	quarante	—
neuf	fois	cinq	—	—	quarante-cinq	—
dix	fois	cinq	—	—	cinquante	—

(Placer cinq boules à gauche, à chaque ligne du boulier-compteur, à mesure qu'on avance.)

Dans *vingt-cinq* boules , combien de rangées de *cinq* boules? — Dans *cinquante* boules, combien de rangées de *cinq* boules?

Combien font *vingt-cinq* et *vingt-cinq?* — Quelle est la moitié de *cinquante?*

Quand *cinq* volumes coûtent *vingt* francs, quel est le prix d'un volume?

Si l'on partage *trente* centimes entre *cinq* pauvres, que donnera-t-on à un ?

VI. — Étude de la sixième ligne. — Mot nouveau soixante, *cinquante et un, cinquante-deux.....* *soixante.*

EXERCICES. — 21. — Combien de *dizaines* de boules pour *soixante?* Peut-on prendre exactement la moitié de *soixante ?*

Comment appelle-t-on l'espace de *trente* jours ? — Combien y a-t-il de mois dans *soixante* jours ?

Comptez *six* par *six* jusqu'à *soixante.*

Retenez bien ceci :

Une	fois	six	boules, c'est		six	boules.
deux	fois	six	—	font	douze	—
trois	fois	six	—	—	dix-huit	—
quatre	fois	six	—	—	vingt-quatre	—
cinq	fois	six	—	—	trente	—
six	fois	six	—	—	trente-six	—
sept	fois	six	—	—	quarante-deux	—,
huit	fois	six	—	—	quarante-huit	—
neuf	fois	six	—	—	cinquante-quatre	—
dix	fois	six	—	—	soixante	—

(Mettre à chaque nouveau nombre, six boules à une ligne.)

SUITE. — 22. — Peut-on prendre exactement le *tiers* de *soixante* boules? — le *quart*. — Peut-on faire *cinq* parts égales avec *soixante* boules? — Combien y en aurait-il dans chaque part?

Qu'est-ce qu'une *douzaine*? — Combien de *douzaines* dans *soixante* boules.

Votre frère a *douze* ans, votre grand-père en a *soixante*, combien votre grand-père a-t-il de fois l'âge de votre frère?

Quelle somme font *douze* pièces de *cinq* centimes? — *Vingt* pièces de *cinq* centimes, c'est *un franc*, combien *quarante* pièces de *cinq* centimes font-elles de *francs*? — et *soixante*?

VII. — ÉTUDE DE LA SEPTIÈME ET DE LA HUITIÈME LIGNE. — Ces deux lignes ne nécessitent qu'un nom nouveau QUATRE-VINGTS, mais tous les maîtres ont remarqué que l'absence d'un nom spécial pour *sept dizaines*, comme plus tard pour *neuf dizaines* est généralement embarrassante quand les enfants arrivent à la numération *écrite* des nombres entre *soixante-neuf* et *quatre-vingts ;* et entre *quatre-vingt-neuf* et *cent*. Aussi faut-il insister assez longtemps sur l'étude des quatre dernières lignes du boulier-comp-teur, et répéter que *sept* dizaines, c'est *soixante-dix ;* *neuf* dizaines *quatre-vingt-dix.*

Jusqu'ici pour passer d'une dizaine à la suivante, il a suffi d'ajouter les neuf premiers nombres ; maintenant pour aller de *soixante* à *quatre-vingt*, et plus tard de *quatre-vingt* à *cent*, il faut ajouter tous les nombres de *un* à *dix-neuf.*

soixante-un, — soixante-deux, — soixante-trois. — soixante-quatre, — soixante-cinq, — soixante-six, — soixante-sept, — soixante-huit, — soixante-neuf, — soixante-dix, — soixante-onze, — soixante-douze, — soixante-treize, — soixante-quatorze, — soixante-quinze, — soixante-seize, — soixante-dix-sept, — soixante-dix-huit, — soixante-dix-huit, — quatre-vingts.

EXERCICES. — 23. — Quel nom donne-t-on à *sept* rangées de boules ?

Soixante, c'est *six dizaines*, et *dix*, c'est *une dizaine* : combien y a-t-il de *dizaines* dans *soixante-dix ?* — *Soixante*, c'est *cinq douzaines ; soixante-dix* est-ce *six douzaines ?* — Que manque-t-il ?

Comptez les boules *sept* par *sept* jusqu'à *soixante-dix*.

Retenez bien ceci :

Une	fois	sept	boules, c'est		sept	boules.
deux	fois	sept	—	font	quatorze	—
trois	fois	sept	—	—	vingt-et-un	—
quatre	fois	sept	—	—	vingt-huit	—
cinq	fois	sept	—	—	trente-cinq	—
six	fois	sept	—	—	quarante-deux	—
sept	fois	sept	—	—	quarante-neuf	—
huit	fois	sept	—	—	cinquante-six	—
neuf	fois	sept	—	—	soixante-trois	—
dix	fois	sept	—	—	soixante-dix	—

(Mettre sept boules à chaque ligne du boulier-compteur.)

Suite. — 24. — Placez *soixante - douze* boules : pouvez-vous en faire *deux* parts égales? — Combien de *douzaines* dans chaque part?

Peut-on prendre exactement le *quart* de *soixante-douze?* — Peut-on encore partager ce *quart* en *deux?*

Quelle différence entre *soixante-cinq* arbres et *soixante-quinze* arbres? — Combien y a-t-il de *dizaines* dans *soixante-cinq?* — Dans *soixante-quinze?* — Combien faudrait-il de pièces de *cinq* francs pour payer *soixante-quinze* francs?

Peut-on partager *soixante - quinze* cerises en *trois* parts égales? — Combien y en a-t-il dans chaque part?

Vous rappelez-vous la moitié de *cinquante?* — Combien de fois *vingt-cinq* dans *cinquante?* — Et dans *soixante-quinze?* — Ainsi *trois* fois *vingt-cinq* c'est...?

Suite. — 25. — Comment appelle-t-on *huit* dizaines? — *Quatre-vingts* est-ce bien *quatre* fois *vingt?* — Combien de dizaines dans *vingt?* — Et dans *quatre-vingts?* — Combien valent *quatre* pièces de *vingt* francs?

L'enfant qui a *quatre-vingts* pommes et qui en mange *deux* par jour en aura-t-il encore à la fin du mois? — Pour combien de jours?

Comptons *huit* par *huit* jusqu'à *quatre-vingts.*

Retenez bien ceci :

Une	fois	**huit** boules, c'est		**huit**	bo.les.
deux	fois	**huit**	—	font **seize**	—
trois	fois	**huit**	—	— **vingt-quatre**	—
quatre	fois	**huit**	—	— **trente-deux**	—
cinq	fois	**huit**	—	— **quarante**	—
six	fois	**huit**	—	— **quarante-huit**	—
sept	fois	**huit**	—	— **cinquante-six**	—
huit	fois	**huit**	—	— **soixante-quatre**	—
neuf	fois	**huit**	—	— **soixante-douze**	—
dix	fois	**huit**	—	— **quatre-vingts**	—

(Mettre huit boules à chaque ligne, à mesure qu'on avance.)

Suite. — 26. — Peut-on prendre la moitié de *quatre-vingts?* — le quart?

Peut-on payer *quatre-vingts* francs avec des pièces de *cinq* francs — de *dix* francs ? — de *vingt* francs ?

Dans *quatre-vingts* combien de fois *dix ?* — dans *dix* combien de fois *cinq ?*

Combien faut-il de pièces de *cinq* francs pour *une* dizaine de francs ? — pour *huit* dizaines ?

Faites *seize* petites rangées de *cinq* boules, combien y a-t-il de boules ?

Combien faut-il de pièces de *cinq* francs pour *quatre-vingts* francs ?

VIII. — Étude de la neuvième et de la dixième ligne. — Nom nouveau cent. Faire remarquer que l'on compte de *quatre-vingts* à *cent*, comme de *soixante* à *quatre-vingts*.

quatre-vingt-un, — quatre-vingt-deux, — quatre-vingt-trois, — quatre-vingt-quatre — quatre-vingt-cinq, — quatre-vingt-six, — quatre-vingt-sept, — quatre-vingt-huit, — quatre-vingt-neuf, — quatre-vingt-dix, — quatre-vingt-onze, — quatre-vingt-douze, — quatre-vingt-treize, — quatre-vingt-quatorze, — quatre-vingt-quinze, — quatre-vingt-seize, — quatre-vingt-dix-sept, — quatre-vingt-dix-huit, — quatre-vingt-dix-neuf, — CENT.

EXERCICES. — 27. — Voilà *neuf* lignes de boules, combien y a-t-il de *dizaines ?* — Comme il n'y a pas de nom nouveau pour *neuf* dizaines, comment dirons-nous ?

Quatre-vingt-dix ou *quatre* fois *vingt* et puis *dix*, est-ce bien *neuf* dizaines ?

Quelle différence entre *quatre-vingt-dix* et *quatre-vingt-douze ?*

Comptons les boules *neuf* par *neuf.*

Si, à chaque ligne du boulier, nous ôtons une boule, combien y aura-t-il de rangées de *neuf* boules chacune ? — Combien de boules en tout ? — Combien restera-t-il de boules isolées ?

Suite. — 28. — Retenez bien ceci :

Une	fois	neuf	boules, c'est	neuf	boules.
deux	fois	neuf	—	font	dix-huit	—
trois	fois	neuf	—	—	vingt-sept	—
quatre	fois	neuf	—	—	trente-six	—
cinq	fois	neuf	—	—	quarante-cinq	—
six	fois	neuf	—	—	cinquante-quatre	—
sept	fois	neuf	—	—	soixante-trois	—
huit	fois	neuf	—	—	soixante-douze	—
neuf	fois	neuf	—	—	quatre-vingt-un	—
dix	fois	neuf	—	—	quatre-vingt-dix	—

Peut-on partager *quatre-vingt-dix* boules en trois parts égales ? — Combien y a-t-il de boules dans chaque part ?

Dans *quatre-vingt-dix* jours, combien y a-t-il de mois ? — Combien de mois dans une année ?

Combien faut-il de fois trois mois pour une année ? — Trois mois est-ce le tiers de l'année ?

— Comment appelle-t-on l'espace de trois mois? — Combien de *trimestres* dans un an?

Suite. — 29. — Combien y a-t-il de boules dans tout le boulier? — Combien y a-t-il de lignes de boules? — Combien de dizaines?

Comptez *dix* par *dix* jusqu'à *cent*.

Combien faut-il de dizaines pour *dix*, — *vingt*, — *trente*, — *quarante*, — *cinquante*, — *soixante*, — *soixante-dix*, — *quatre-vingts*, — *quatre-vingt-dix*, — cent?

Retenez bien ceci :

Une	fois	dix	boules, c'est	dix	boules.
deux	fois	dix	—	font	vingt	—
trois	fois	dix	—	—	trente	—
quatre	fois	dix	—	—	quarante	—
cinq	fois	dix	—	—	cinquante	—
six	fois	dix	—	—	soixante	—
sept	fois	dix	—	—	soixante-dix	—
huit	fois	dix	—	—	quatre-vingts	—
neuf	fois	dix	—	—	quatre-vingt-dix	—
dix	fois	dix	—	—	cent	—

Dix	boules, c'est	une	dizaine	de boules.
vingt	—	—	deux	—	—
trente	—	—	trois	—	—
quarante	—	—	quatre	—	—
cinquante	—	—	cinq	—	—
soixante	—	—	six	—	—
soixante-dix	—	—	sept	—	—
quatre-vingts	—	—	huit	—	—
quatre-vingt-dix	—	—	neuf	—	—
cent	—	—	dix	—	—

Suite. — 30. — Peut-on prendre la moitié de *cent* pommes ? — le quart ?

Peut-on, avec *cent* pommes, faire *cinq* parts exactes ? — Combien faut-il de pièces de *vingt* francs pour faire *cent* francs ?

Divisez chaque ligne du boulier en deux : combien de fois *cinq* dans *cent* ? — Combien faut-il de pièces de *cinq* francs pour faire *cent* francs ?

Un franc, c'est *cent* centimes, il y a des pièces de *un* centime, de *deux* centimes, de *cinq* centimes, de *dix* centimes, de *vingt* centimes, de *cinquante* centimes : cherchez combien il faut de chacune de ces pièces pour *un* franc.

Quelles sont les pièces dont il en faut *deux* pour faire *un* franc ? — Quelles sont celles dont il en faut *cinq* ? — *dix* ? — *vingt* ? — *cinquante* ? — *cent* ?

Comptez par *dizaines* en donnant un nom à chaque nombre de dizaines.

(Une *dizaine* ou *dix*, deux *dizaines* ou *vingt*, etc. — L'élève met à gauche, à chaque nom nouveau, une rangée de boules.)

Nous donnons plus loin une centaine de petits problèmes d'application : le maître pourra y puiser dès maintenant pour faire trouver la réponse au moyen du boulier-compteur, en attendant que les élèves puissent la donner par des chiffres mobiles ou écrits au tableau noir.

2° NUMÉRATION ÉCRITE

LES CENT PREMIERS NOMBRES.

Le boulier-compteur, avons-nous dit, peut faire comprendre la *numération écrite* des cent premiers nombres. Pour cela il faut que le côté supérieur du cadre porte, — de manière à correspondre avec les boules quand elles sont placées à gauche, — les dix premiers nombres, en *chiffres*, et que le côté vertical de gauche donne, en descendant et en regard de chaque ligne de boules, les nombres qui représentent les dizaines : 10, 20, 30, etc.

EXERCICES. — 1. — De *un* à *dix*. — Prenant la première ligne de boules, on place la première boule à gauche, et l'on fait remarquer que le signe placé juste au-dessus de cette boule (**1**) veut dire *un* ; — on amène la deuxième boule à côté de la première, on a *deux* boules, et le signe (**2**) veut dire *deux* ; ainsi jusqu'à *neuf*.

Voici les neuf premiers nombres :

1	**2**	**3**	**4**	**5**
(un)	(deux)	(trois)	(quatre)	(cinq)

6	**7**	**8**	**9**
(six)	(sept)	(huit)	(neuf)

Les signes ou caractères qui représentent les **NOMBRES** s'appellent **CHIFFRES**

Suite. — 2. — DE *dix* A *vingt*. — Comment appelle-t-on encore *dix* boules ?

Voyez ce signe **10**, n'y a-t-il pas le chiffre **1** ? — N'est-il pas suivi d'un autre signe ?

Ce signe (0) s'appelle ZÉRO, il n'a pas de valeur par lui-même, mais il permet au chiffre 1 d'être placé au deuxième rang à gauche, et le deuxième rang à gauche est celui des dizaines.

Comment écrirez-vous *dix* ou *une* dizaine ?

Si vous comprenez, vous écrirez facilement en chiffres *vingt* ou *deux* dizaines : *deux lignes* de boules, n'est-ce pas *vingt* ? — Voyez le signe écrit à la seconde ligne (**20**), pourquoi le chiffre **2** ? — Pourquoi le zéro (**0**)? — Ainsi pour écrire *vingt* en chiffres, il faut...?

Suite. — 3. — LES DIZAINES DE *vingt* A *soixante*. — Comment appelle-t-on *trois* dizaines? — Comment écrirons-nous, en chiffres, *trois* dizaines ou *trente*. — Que faut-il pour que le chiffre **3** soit au rang des dizaines ?

Ecrivez en chiffres : *quatre* lignes de boules, ou *quatre dizaines* ou *quarante* ; — *cinq lignes* de boules, ou *cinq dizaines* ou *cinquante*; — *six* lignes de boules, ou *six dizaines* ou *soixante*.

Suite. — 4. — Les dizaines de *soixante-dix* a *cent*. — Qu'est-ce que *soixante-dix*? — Combien de dizaines?

Peut-on écrire ce nombre comme *soixante* (**60**)?

Combien faut-il de lignes de boules pour *soixante-dix*? — Comment écrire *soixante-dix* en chiffres?

Dans *quatre* fois *vingt*, combien y a-t-il de dizaines? — Quelle différence entre *quatre-vingts* et *huit* dizaines? — Comment écrire en chiffres *quatre-vingts*?

Comment appelle-t-on *neuf* dizaines? — Ecrivez, en chiffres, *neuf* dizaines ou *quatre-vingt-dix*.

Suite. — 5. — Centaines. — Dans un *cent*, combien y a-t-il de dizaines? — Comment ferons-nous pour que **10** exprime *dix* dizaines? — Qu'est-ce qu'*une* centaine? — A quel rang mettrons-nous *un* (**1**) pour qu'il exprime *une* centaine?

Retenez ceci :

Tout chiffre placé au troisième rang à gauche est au rang des CENTAINES.

SUITE. — 6. — Lisez maintenant les nombres suivants :

1. 2. 3. 4. 5. 6. 7. 8. 9.

10. 20. 30. 40. 50. 60. 70. 80. 90.

100.

Lisez les suivants : 2. 4. 6. 8. 1. 3. 5. 7. 9. = 80. 90. 60. 70. 10. 20. 50. 30. 40. 100. = 1. 5. 7. 9. 4. 6. 8. 3. 2. 40. 80. 50. 10. 70. 30. 90. 20. = 9. 7. 5. 3. 2. 1. 8. 6. 4. 90. 70. 50. 30. 10. 80. 60. 40. 20

Maintenant, représentez par des chiffres les nombres suivants : *quatre,* — *huit,* — *sept,* — *vingt,* — *dix,* — *cinquante,* — *neuf,* — *soixante-dix,* — *trente,* — *deux,* — *soixante-cinq,* — *quatre-vingt-dix,* — *six,* — *quatre-vingts,* — *un,* — *quarante,* — *trois,* — *cent.*

SUITE. — 7. — UN A CENT. — Nous ne savons encore écrire que dix-neuf nombres ; nous allons arriver à les écrire tous de 1 à 100.

Comment écrirons-nous les nombres entre 10 et 20, — entre 20 et 30, etc. ?

Ecoutez bien : quel nom donne-t-on à *dix* et *un ?* — à *dix* et *deux ?*

Combien, dans *douze* boules, y a-t-il de dizaines ? — Est-ce une dizaine tout juste ?

A quel rang se place le chiffre des dizaines ?

Si, dans 10, j'efface le zéro (0) et que je le remplace par 2, cela ne voudra-t-il pas dire *dix* et *deux ?* — Quel nombre est-ce (12) ?

En mettant, dans le nombre 10, à la place du zéro (0), successivement les neuf premiers nombres, nous aurons les nombres compris entre dix et vingt.

11   12   13   14   15

onze, — douze , — treize, — quatorze, — quinze,

16   17   18   19

seize, — dix-sept, — dix-huit. — dix-neuf.

Suite. — 8. — Vous ne devez pas être gênés pour écrire, en chiffres, vingt et un (ou *deux* dizaines et *un*) , — vingt-cinq, — vingt-neuf, car 2, au deuxième rang, vaudra toujours...?

Lisez les nombres suivants : 21, 22, 25, 29, — 30, 32, 36, 38, — 40, 41, 44, 49, — 50, 53, 57, — 60, 61, 66, 69, — 70.

Ecrivez vous-mêmes : *vingt-quatre, — trente-trois, — quarante-huit, — cinquante, — cin-*

quante-cinq, — *cinquante-neuf*, — *soixante-trois*, — *soixante-dix*.

SUITE. — 9. — Ici il faut un peu plus d'attention : comment écrire soixante et onze ? — Si nous écrivons 11 (onze) comment écrire 60 (soixante) ?

Combien y a-t-il de dizaines dans *soixante-dix* ?

Sept dizaines et un , qu'est-ce que cela fait ? Alors comment lire **71** ?

Lisez : **71, 72, 73, 74, 75, 76, 77, 78, 79, 80.**

Vous devez facilement comprendre comment on écrit les nombres de *quatre-vingts* à *quatre-vingt-neuf* : lisez : 80, 83, 87, 89.

Il vous sera également facile de lire les suivants :

90, 91, 92, 93, 94, 95, 96, 97, 98, 99.

Combien font *neuf* dizaines plus *deux* ? — *neuf* dizaines plus *cinq* ? — *neuf* dizaines plus *six* ? — *neuf* dizaines plus *sept* ? — plus *huit* ? plus *neuf* ?

SUITE. — 10. — LES CHIFFRES. — Qu'est-ce que les *chiffres* ?

Combien faut-il de *chiffres* ou de caractères

différents pour représenter tous les nombres que vous connaissez ?

Tenez, voici dix cases : dans la première il y a de petits cartons avec le chiffre 1 , dans la seconde avec le chiffre 2, ainsi de suite, vous allez voir qu'avec dix caractères ou chiffres on peut écrire tous les nombres.

Ecrivez : *quatre, — six, — huit, — quinze, — dix-huit, — vingt, — vingt-quatre, — trente et un, — trente-huit, — quarante-deux, — quarante-sept, — cinquante, — cinquante-huit, — soixante et un, — soixante-trois, — soixante-sept, — soixante-dix, — soixante-onze, — soixante-treize, — soixante-dix-sept, quatre-vingts, — quatre-vingt-quatre, — quatre-vingt-cinq, — quatre-vingt-dix, — quatre-vingt-quatorze, — quatre-vingt-dix-neuf, — cent.*

Avez-vous dû employer plus de *dix* chiffres différents ?

Lisez : 1, 5, 9, 30, 48, 69, 70, 78, 80, 89, 92, 95, 4, 37, 52, 28, 15, 93, 11, 68, 19, 77, 14, 93, 17, 99, 100.

Il est bon, au début surtout, d'indiquer des nombres que les élèves trouvent au moyen du boulier-compteur, d'insister sur les *dizaines* représentées par des lignes entières de boules, et les *unités* qui complètent les nombres indiqués. Puis chacun des nombres trouvés s'écrit en *chiffres* par l'élève, au tableau noir.

Les nombreux exercices de *numération parlée* et de *numération écrite*, ainsi que les petites questions à résoudre ont amené l'enfant à comprendre les principales opérations, sans qu'on les lui ait définies et bien qu'on n'ait point prononcé les mots *addition, soustraction, multiplication, division*.

Si maintenant on le juge bon, on peut, en accompagnant les définitions d'exemples, donner, d'une manière très-élémentaire, les définitions des opérations fondamentales du *calcul*.

ADDITIONNER, faire une **ADDITION**, c'est réunir plusieurs nombres en un seul; — ce qu'on obtient, c'est-à-dire le résultat, s'appelle **SOMME** ou **TOTAL**.

SOUSTRAIRE, faire une **SOUSTRACTION**, c'est retrancher un nombre d'un autre nombre plus grand ; — c'est chercher la différence entre deux nombres ; — c'est savoir de combien le plus grand surpasse le plus petit.

MULTIPLIER, faire une **MULTIPLICATION**, c'est trouver un nombre qui soit égal à plusieurs fois un autre nombre ; — c'est réunir plusieurs nombres égaux en un seul. — La **MULTIPLICATION** est une **ADDITION** abrégée.

DIVISER, faire une **DIVISION**, c'est partager un nombre en parties égales; — c'est chercher combien de fois un nombre en contient un autre.

Toutes les questions, dont les réponses sont trouvées au boulier-compteur, disposent donc les enfants aux quatre opérations fondamentales. Les problèmes faits sur de petits nombres bien compris les conduisent peu à peu à distinguer les opérations dans les questions plus compliquées : reconnaître dans une question les opérations qui mènent à la solution, n'est-ce pas à peu près toute la théorie à exiger des élèves des classes élémentaires ?

Ne voulant pas trop multiplier les applications du boulier-compteur, nous ne donnerons que deux exemples pour indiquer la marche à suivre, la *division* surtout pouvant présenter un peu de gêne. Soit cette question : 7 ouvriers ont gagné 35 francs : combien chacun doit-il recevoir ? Supposons que les 7 premiers fils de fer, représentent les *ouvriers* et que les boules soient des *francs*. Si nous mettons, à gauche, une boule à chaque fil, nous aurons donné 7 francs, et chaque ouvrier aura *un* franc. Continuons à mettre une boule à chaque fil, et après chaque addition totale, à compter 7 par 7, jusqu'à ce que nous arrivions à 35 : chaque fil aura *cinq* boules, c'est que chaque ouvrier doit recevoir *cinq* francs.

Il est bien entendu que ce moyen est employé au début et aussi longtemps que les enfants ne sont pas familiarisés avec la table de multiplication.

Second exemple. Il est bon d'arriver vite à combiner, dans une suite de petites questions, les différentes opérations qui se font successivement au boulier : j'avais 3 petits paquets de 6 plumes chacun : combien avais-je de plumes? (multiplication.) — L'enfant pose 18 boules à gauche. — On m'a donné encore 15 plumes : combien ai-je de plumes en tout? (addition.) — L'élève ajoute 15 boules et fait connaître le total 33. — J'en ai usé 9 : combien m'en reste-t-il ? (soustraction.) — L'élève remet 9 boules à droite, compte ce qui reste à gauche, et répond 24. — Je partage ce qui reste entre 4 élèves : combien chacun reçoit-il ? (division.) L'enfant arrive au résultat 6 soit en opérant comme au premier exemple, soit en multipliant successivement 4 par 2, 3, 4, 5, 6, jusqu'à ce qu'il arrive au nombre total des plumes.

Pour ne pas trop fatiguer la mémoire, nous conseillons de faire les petits problèmes, qui vont suivre, d'abord au boulier-compteur, puis au tableau noir, au moins pour représenter les nombres obtenus. — On pourrait aussi se servir de chiffres mobiles. — Peu à peu l'enfant s'habituera à trouver les nombres de mémoire, et ces mêmes petits problèmes, ou d'équivalents, pourront être repris comme exercices de *calcul mental.*

3° CENT PETITS PROBLÈMES

SUR LES CENT PREMIERS NOMBRES.

1. Addition. — **1.** J'ai donné 5 centimes à un pauvre vieillard, 4 à une pauvre femme, 3 à une autre, et il m'en reste encore 8 : combien en avais-je ?

2. Il est sorti 3 élèves de votre division, 5 sont malades, vous êtes encore 7 : combien y en avait-il ?

3. Henri à 7 ans, sa sœur 9 ans, leur mère 14 ans de plus que leurs âges réunis : trouvez l'âge de la mère.

4. Votre frère avait 8 ans quand vous êtes né, vous en avez 9 ; quel sera l'âge de votre frère dans 3 ans ?

5. Un cultivateur avait 12 vaches, il en achète encore 6, puis 5 : combien en a-t-il ?

6. Charles a recueilli une première fois 12 œufs, une autre fois 7 et une troisième fois 6 : combien a-t-il recueilli d'œufs ?

7. J'ai pris 6 brochets, 8 tanches, 9 goujons : combien ai-je pris de poissons ?

8. J'ai acheté un fauteuil 10 francs, une petite table 6 francs, une armoire 8 francs et une chaise 7 francs : quelle dépense ai-je faite ?

II. Soustraction. — 9. J'ai placé 6 dizaines de boules à gauche : combien reste-t-il de dizaines à droite?

10. J'avais 40 centimes, j'en ai donné 10 : que me reste-t-il?

11. Paul fera sa première communion dans 5 ans, il aura alors 12 ans : quel âge a-t-il?

12. L'année a 52 semaines, il s'en est déjà écoulé 40 : combien en reste-t-il ?

13. Louis a un panier qui contient 45 pommes : combien en restera-t-il s'il en prend 5? — et s'il en prend encore 6? — s'il en donne 7? — s'il en donne encore 8 ?

14. Dans un mois, il y a 8 jours de repos et de congé : combien reste-t-il de jours de classe?

15. Jules a eu 1 franc ou 100 centimes pour récompense, il a donné 45 centimes à sa sœur : lui reste-t-il encore autant que ce qu'il a donné?

16. J'ai un petit livre de 80 pages, j'en ai lu 60 : combien en ai-je encore à lire ?

III. Addition et Soustraction. — 17. Paul vient en classe depuis un an, il a été malade 3 mois, il a eu 2 mois de vacances : combien a-t-il eu de mois de classe?

18. Si j'avais pu donner à Ernest les 5 bons points que je lui avais promis, et s'il n'avait pas dû m'en rendre 4, il en aurait 25 : combien en a-t-il?

19. Un cahier coûte 20 centimes, un crayon 5 centimes, une règle 15 centimes : si vous aviez 50 centimes que vous restera-t-il après avoir payé?

20. Dans l'année ordinaire il y a 7 mois de trente et un jours, 1 de vingt-huit jours, et les autres de trente : combien y a-t-il de mois de trente jours?

21. J'avais 40 pommes, j'en ai mangé 12, j'en ai donné 8 : trouvez ce qui me reste?

22. Philippe a compté les roses du jardin ; l y en avait 50, il en a pris 10 pour un bouquet à sa mère, 6 pour sa sœur et 5 pour sa cousine : combien y a-t-il encore de roses dans le jardin?

23. Vous restera-t-il beaucoup d'heures dans un jour pour jouer si vous dormez 9

heures, si vous donnez 3 heures à vos prières, à vos repas, etc., et si vous restez 6 heures en classe ?

24. Alfred avait 25 lettres à apprendre, la première semaine il en a su 10 ; la seconde, 8 : combien a-t-il encore de lettres à apprendre ?

IV. Multiplication. — 25. J'ai fait 5 fois 8 pas pour traverser le jardin : combien ai-je fait de pas ?

26. La classe a 6 fenêtres, chaque fenêtre 8 carreaux : combien y a-t-il de carreaux ?

27. Pendant 8 jours j'ai pris chaque jour 6 pommes dans un panier, et le panier est vide : trouvez combien il contenait de pommes.

28. Si chaque semaine vous n'allez que 9 fois en classe : combien de fois irez-vous en 6 semaines ?

29. J'ai été absent pendant 3 semaines : dites le nombre de jours de mon absence.

30. Combien faut-il de fers pour ferrer complétement 8 chevaux ?

31. 8 bancs ont chacun 7 élèves : combien y a-t-il d'élèves ?

32. Un ouvrier gagne 2 francs par jour,

j'en ai employé 3 pendant 4 jours : quelle somme me faut-il pour les payer?

V. Multiplication combinée avec une autre opération. — 33.   Ce mois a 30 jours, déjà 3 semaines sont écoulées : que reste-t-il de jours?

34.   J'avais 35 francs, mais j'ai acheté 6 volumes à 3 francs l'un : que me reste-t-il?

35.   Votre cahier a 24 pages; depuis 8 jours vous avez écrit 2 pages chaque jour : combien de pages reste-t-il à remplir?

36.   Si vos 3 frères vous donnaient chacun 4 francs, vous auriez 20 francs : quelle somme avez-vous?

37.   J'avais 50 centimes, j'ai acheté des plumes, et j'ai donné ce qui me restait à 4 pauvres qui ont eu chacun 5 centimes : trouvez le prix des plumes.

38.   Charles est venu 8 jours en classe, et chaque jour 6 heures, mais il a perdu par sa paresse 2 heures chaque jour : combien d'heures lui ont-elles profité?

39.   Si Jules me donnait 3 pommes, et Marie 4, j'en aurais assez pour en donner 3 à cha-

cun de mes 5 camarades : combien en ai-je?

40. J'ai écrit 7 lignes, chaque ligne m'a demandé 6 minutes, le reste de l'heure je l'ai employé à lire : pendant combien de minutes ai-je lu ?

41. Si Alphonse recevait 6 bons points, il en aurait 4 fois autant que Léon qui n'en a que 9 : combien Alphonse en a-t-il?

42. Vous avez 8 ans et moi j'ai 5 fois votre âge et 7 ans de plus : quel est mon âge ?

43. J'ai revendu 70 centimes 5 objets achetés à 12 centimes l'un : trouvez le gain que j'ai fait.

44. Si ma sœur me donnait 20 centimes, je pourrais faire l'aumône de 10 centimes à 6 pauvres : combien ai-je?

45. On a employé 6 voitures pour conduire les élèves d'un pensionnat, chaque voiture avait 6 grands élèves et 4 petits : dire le nombre d'élèves.

46. Votre père a vendu 4 sacs d'avoine à 8 francs le sac, et 5 sacs de haricots à 9 francs l'un : quelle somme a-t-il reçue ?

47. On lui a donné 6 pièces de 5 francs, 8 pièces de 2 francs et 12 pièces de 1 franc : que manque-t-il ?

48. J'ai acheté 6 paquets, chacun de 8 chandelles : que me reste-t-il si j'en ai brûlé 12 ?

49. Pendant 4 jours il est entré, chaque jour, 8 navires dans un port, et chaque jour il en est sorti 6 : combien en reste-t-il ?

50. J'ai acheté 6 feuilles d'images de 4 images chacune, et 5 autres feuilles de 6 chacune : trouvez le nombre d'images ?

51. Votre mère a vendu 5 douzaines d'œufs et en a rapporté 8 : combien en avait-elle ?

52. Un ouvrier économise chaque semaine 3 francs, que lui manquera-t-il au bout de 10 semaines pour acheter une blouse de 6 francs, un pantalon de 10 francs, une chemise de 5 francs, des souliers de 8 francs et une casquette de 3 francs ?

53. J'ai fait 12 lignes d'écriture, chaque ligne m'a demandé 4 minutes, que me reste-t-il sur une heure de travail ?

54. Je devais 75 francs, j'ai donné en paiement 8 sacs de pommes à 5 francs le sac et un sac de blé de 25 francs : que dois-je encore ?

55. Un cultivateur a 8 charrues, il met 4 ouvriers et 3 chevaux à chacune : combien met-

il de chevaux, et combien emploie-t-il d'ouvriers?

56. J'ai acheté 6 pêches et 8 abricots, les
pêches à 10 centimes l'une, les abricots à 5
centimes : puis-je payer avec un franc?

VI. Division. — 57. 24 élèves sont sur
3 rangs égaux : combien d'élèves par rang?

58. Il faut 6 fois la même somme pour
faire 42 francs : quelle est cette somme?

59. La mère d'Hector a 4 fois son âge :
quel est l'âge d'Hector, sa mère ayant 32 ans?

60. Avec 40 centimes j'aurai 5 oranges :
quel est le prix d'une orange?

61. Je mets 10 minutes pour lire une
page : combien lirai-je de pages en une
heure?

62. Combien l'année ou 12 mois font-ils
de trimestres ?

63. Combien faut-il de pièces de 5 francs
pour faire 40 francs?

64. Le boulier-compteur a 100 boules,
chaque ligne 10 boules : combien y a-t-il de
lignes?

65. J'ai 32 pommes pour mon frère, ma

sœur, mon cousin et moi : combien chacun en aura-t-il ?

66. J'ai 36 arbres plantés sur 6 lignes : combien d'arbres par ligne ?

67. Combien y a-t-il de semaines dans 35 jours ?

68. Chaque semaine a 6 jours de travail : combien de semaines de travail dans 42 jours ?

69. Sur le chemin de fer on fait 7 lieues dans une heure : combien d'heures emploiera-t-on pour parcourir 21 lieues ?

70. On a employé 48 fers pour ferrer complétement des chevaux : combien y avait-il de chevaux ?

71. Emile a eu 24 bons points en 8 jours : combien cela fait-il par jour ?

72. En 30 heures de classe, combien de jours de classe à 6 heures par jour ?

VII. Division combinée avec d'autres opérations. — 73. Il y a 64 élèves dans la classe, 16 sont sur des bancs, les autres sont aux tables, et il y a 6 tables : trouvez le nombre d'élèves par table.

74. Si j'avais 50 centimes, j'en pourrais

donner 10 aux pauvres et acheter 2 cahiers : quel est le prix d'un cahier?

75.   Je vends 5 objets 70 centimes, je gagne ainsi 10 centimes : combien m'a coûté un objet?

76.   J'ai 35 poires, j'en donne 11 et j'en mange 3 chaque jour : en combien de jours n'en aurai-je plus?

77.   Dans une allée il y a 40 arbres sur 2 rangs, pour aller d'un arbre à l'autre il faut faire 5 pas : combien de pas pour faire toute l'allée ?

78.   Vous avez 1 franc, vous partagez avec votre sœur, et vous donnez votre part à 10 pauvres : combien chaque pauvre reçoit-il ?

79.   Février a 28 jours, combien a-t-il de semaines, et combien de jours de travail?

80.   5 enfants veulent donner à un pauvre un pain qui coûte 80 centimes, ils n'en ont que 30 : combien chacun doit-il demander à sa mère?

81.   Un livre a 45 pages, j'en ai lu 15 et j'en lirai 5 chaque jour : dans combien de jours serai-je à la fin ?

82.   Quand je l'aurai lu, on me donnera autant de fois 5 pommes qu'il y a de fois 9 pages : combien aurai-je de pommes?

83. Avec 30 centimes j'aurai une règle de 15 centimes et 5 plumes : cherchez le prix d'une plume.

84. Si j'avais 32 pommes j'en pourrais donner 8 à chacun de mes petits amis, mais je ne puis leur en donner que 6 : combien ai-je de pommes et de petits amis ?

85. J'avais 40 centimes, j'ai fait une aumône de 5 centimes à quelques pauvres, et il me reste 10 centimes : combien ai-je secouru de pauvres ?

86. J'avais 1 franc, j'ai acheté 8 crayons à 5 centimes l'un, j'ai fait une aumône de 10 centimes, et avec le reste j'ai eu 5 oranges : combien coûte une orange ?

87. Mon père m'a donné un panier de fruits qui en contient 100 ; il m'a permis d'en prendre 20 pour moi et de partager le reste avec mes camarades : combien ai-je de camarades sachant qu'ils ont eu chacun 8 pommes ?

88. Le boulier a 10 lignes de boules, mais on ne peut toucher aux 4 dernières lignes : combien peut-on, avec le reste, faire de portions de 5 boules ?

89. Ma mère m'a remis 8 pièces de 5 francs

que je dois partager entre 10 familles pauvres :
combien chacune aura-t-elle ?

90.   Nous avions un petit camarade à qui il
manquait des sabots coûtant 60 centimes; j'en
avais 20 , je les ai donnés, puis d'autres, petits
camarades ont donné chacun un sou : combien
y avait-il de petits camarades ?

91.   Nous étions 12 sur la route , un
pauvre passe, les 6 premiers donnent chacun
10 centimes , et , avec l'argent des autres il ne
manquait que 10 centimes pour faire un franc :
combien chacun a-t-il donné ?

92.   Ma mère a eu , pour 48 francs, 6 cou-
verts et 6 cuillères à café, celles-ci coûtent 2
francs la pièce : combien coûte un couvert?

93.   Jules a dépensé inutilement en 10 jours
une somme avec laquelle il aurait pu acheter
4 bons petits livres à 25 centimes l'un : quelle
dépense a-t-il faite chaque jour ?

94.   Un tonneau contenait 100 litres, on a
tiré 25 litres, et l'on a mis le reste dans des
vases qui contiennent chacun 5 litres : quel est
le nombre des vases ?

95.   J'ai un volume de 100 pages, j'en
ai lu 20 et je voudrais lire le reste en 8

jours : combien dois-je lire de pages par jour ?

96. J'ai déjà fait chaque jour, pendant 6 jours, 8 lieues par jour, mais toute la route a 72 lieues : je voudrais savoir en combien de jours je serai au bout de mon voyage?

97. Il y a 100 élèves en classe : la première division en a 25 ; la seconde 35, et la troisième occupe 5 bancs : combien y a-t-il d'élèves par banc ?

98. Il y a 100 gerbes à porter; j'ai déjà porté 4 fois 5 gerbes, mon frère en a fait autant, combien de fois devrons-nous ensemble en porter, pour enlever le tout, si chaque fois chacun porte 5 gerbes?

99. Il me faudrait 80 centimes pour acheter un jouet ; chaque fois que je sais bien ma leçon, j'ai 5 centimes, j'ai déjà 45 centimes, quand pourrai-je acheter ce jouet, si chaque jour je sais ma leçon?

100. Une barque doit transporter 100 voyageurs, elle a déjà fait 12 voyages portant chaque fois 5 voyageurs : combien doit-elle encore faire de voyages ?

4° NOMBRES DE CENT A MILLE.

I NUMÉRATION PARLÉE. = EXERCICES. — 1. — DE CENT A DEUX CENTS. — Vous savez compter de *un* à *cent*, vous savez aussi écrire ces nombres : combien avez-vous employé de caractères différents ?

Nous écrirons des nombres plus grands, mais vous verrez que vous n'aurez jamais besoin d'autres chiffres que ceux que vous connaissez déjà. D'abord, énonçons les nombres de *cent* à *deux cents*. Cela n'est pas difficile.

Pour énoncer les nombres de **CENT** à **DEUX CENTS**, il n'y a qu'à ajouter au mot **CENT** le nom des quatre-vingt-dix-neuf premiers nombres.

Dites-les de *cent* à *cent-vingt-cinq*; — de *cent-vingt-cinq* à *cent-cinquante;* de *cent-cinquante* à *cent-soixante-quinze;* — de *cent-soixante-quinze* à *deux cents.*

SUITE. — 2. — DE CENT A MILLE. — On compte par *centaines* comme par unités simples, de même qu'on dit *deux* boules, *trois* francs, *cinq* élèves, on dit *deux*, *trois*, *quatre*,... *huit*, *neuf* cents. Et comme vous savez compter de *cent* à deux *cents*, il vous sera facile de passer d'une centaine à une autre : comptez de *cinq cents* à *six cents*, — de *huit cents* à *neuf cents*, — de *neuf cents* à *neuf cent quatre-vingt-dix-neuf*.

Si l'on veut ajouter UN à NEUF CENT QUATRE-VINGT-DIX-NEUF, on a dix fois cent, mais on ne dit pas DIX CENTS, on a choisi un nom qui signifie DIX centaines, c'est le mot MILLE.

Combien faut-il ajouter à cinq cents pour avoir *mille* ?

Celui qui a *mille* francs et qui en dépense la moitié, a-t-il encore six cents francs ?

Trois sommes de trois cents francs chacune font-elles *mille* francs ?

II **Numération écrite.** — *Les centaines.* = **EXERCICES.** — 5. — DE CENT A NEUF CENTS. — Ecrivez au tableau noir tous les chiffres que vous connaissez.

A quoi sert le zéro ? — Comment écrit-on *dix*, en chiffres ?

Ecrivez les nombres exprimant 2, 3, 4, 5, 6, 7, 8, 9 *dizaines.*

Lisez ces nombres : 20, 30, 40, 50, 60, 70, 80, 90.

Ecrivez *cent* : pourquoi faut-il deux zéros?

Que représente le chiffre placé au troisième rang à gauche ?

Trouvez-vous difficile d'écrire *deux cents, trois cents... neuf cents ?*

Lisez 200, 300, 400, 500, 600, 700, 800, 900.

SUITE. — 4. — VALEUR RELATIVE DES CHIFFRES. — Vous savez que le chiffre 1 , par exemple, n'a pas la même valeur s'il est seul, 1, ou à gauche d'un zéro, 10, ou à gauche de deux zéros, 100; combien 10 vaut-il de fois 1 ?

Le chiffre 1 qu'a-t-il gagné à changer de place?

En changeant de place, il est donc devenu *dix fois plus grand* ; au lieu d'être *un* il est *une dizaine.*

Qu'arrive-t-il s'il passe au troisième rang : 100?

Combien vaut-il de dizaines? — Combien de fois est-il plus grand que quand il était *une dizaine ?* — Combien une *centaine* vaut-elle de *dizaines ?*

Vous devez comprendre ceci :

Outre la valeur qu'ils ont quand ils sont SEULS, les chiffres en ont une autre, en raison de la PLACE, du RANG qu'ils occupent.

SUITE. — 5. — NOMBRES RENDUS *dix fois,*

cent fois PLUS *grands.* — Que ferez-vous pour que 1, 2, 3, 4, 5, 6, 7, 8, 9 deviennent *dix fois* plus *grands*, c'est-à-dire expriment des *dizaines ?*

N'avons-nous pas, à part le zéro, les mêmes chiffres dans les nombres suivants :

10, 20, 30, 40, 50, 60, 70, 80, 90 ?

Et si vous vouliez rendre ces derniers nombres encore *dix fois* plus *grands*, c'est-à-dire faire qu'au lieu d'exprimer des dizaines, 1, 2, 3, etc. représentent des *centaines*, comment y arriverez-vous ?

Lisez : 100, 200, 300, 400, 500, 600, 700, 800, 900.

Tâchez de retenir ceci :

Pour rendre un nombre DIX FOIS plus grand, il suffit de placer un zéro à sa droite; — si l'on veut le rendre CENT FOIS plus grand, on met deux zéros.

SUITE. — 6. — NOMBRES RENDUS *dix fois, cent fois* PLUS *petits.* — Relisez les centaines écrites plus haut. — Comment feriez-vous maintenant pour rendre ces nombres *dix fois* plus *petits*, c'est-à-dire pour que 1, 2, 3, etc., au lieu d'exprimer des *centaines*, soient des *dizaines ?*

Si ces nombres, écrits plus hauts, représentaient des francs et qu'il fallût partager chacun d'eux en dix parts égales, quelle serait la valeur de chaque part ? — Qu'y aurait-il à faire pour rendre ces nombres exprimant des centaines *cent fois* plus *petits ?*

Que deviendrait une part si 100 francs étaient partagés entre cent personnes ? — et 200 francs ? — et 900 francs ?

Vous devez maintenant bien comprendre ceci :

Pour rendre un nombre, terminé par des zéros , DIX FOIS plus PETIT, il suffit d'effacer un zéro ; — Pour qu'il devienne CENT FOIS plus PETIT, on efface deux zéros.

Rendre *dix fois* plus *grands* les nombres 1, 2, 3, 5, 7, 8, 6, 4, 9, 12, 15, 28, 37, 44, 70, 75, 80, 88, 90, 92, 98.

Rendre *dix fois* plus *petits* les nombres 10, 30, 50, 70, 90, 80, 40, 20, 150, 270, 380, 690, 840, 910.

SUITE. — 7. — NOMBRES D'UNE CENTAINE A LA SUIVANTE. — Quand on compte, on ne va pas tout de suite de 100 à 200, de 200 à 300. Comment allons-nous faire pour écrire *cent-dix ?* — *cent-quinze ?* — *cent-cinquante ?* etc.

Mais si nous voulons écrire *cent-cinq,* où

placer le 5 ? — Si nous le plaçons après 100 (1005), ce ne sera plus *cent cinq*, car 1 serait au quatrième rang, qui n'est pas celui des *centaines*. Mais si nous écrivions ainsi : 105, 1 serait bien au rang des *centaines*, 5 ne vaudrait que *cinq*, et le nombre entier *cent cinq*.

Lisez : 145, 284, 317, 457, 572, 677, 782, 892, 999, = 140, 280, 307, 409, 506, 600, 701, 870, 909

Ecrivez en chiffres : *cent vingt-cinq, — cent trente-huit, —. deux cent quarante, — deux cent cinquante-quatre, — trois cent dix-huit, trois cent soixante-trois, — trois cent soixante-treize, — quatre cent dix-sept, — quatre cent quatre-vingts, — quatre cent quatre-vingt-dix, — cinq cent douze, — cinq cent soixante-quinze, — six cent vingt-quatre, — six cent soixante-dix-neuf, — sept cent quarante-six, — sept cent soixante-onze, — huit cent treize, — huit cent quatre-vingt-seize, — neuf cent soixante-dix-sept, — neuf cent quatre-vingt-dix-neuf, — cent huit, — deux cent quatre, — trois cent neuf, — quatre cents, — cinq cents, — six cent un, — sept cent deux, — huit cent trois, — neuf cents, — neuf cent neuf.*

Suite. — 8. — Les *mille*. — Quel est ce nombre 999 ?

Combien y a-t-il de *centaines*? — Que manque-t-il à 99 pour faire une *centaine?* — Si nous ajoutons 1 à 999, combien y aura-t-il de *centaines?*

Dix centaines forment UN MILLE qu'on écrit 1000, car pour écrire *dix* centaines ou *un mille*, nous sommes obligés d'écrire 10 (exprimant des centaines) suivi de deux zéros, et alors 1 est au quatrième rang :

Le quatrième rang, à gauche, est celui des MILLE.

Si vous avez bien compris, vous lirez facilement les nombres suivants :

1000, — 2000, – 3000, — 4000, — 5000, — 6000, —
7000, — 8000, — 9000.

Si vous avez soin de mettre un point (.) après les *mille*, vous lirez aussi facilement les suivants :

1.400, — 2.800, — 3.900, — 4.650, — 5.760,
6.880, — 7.590, — 8.930, — 9,810.

Et même les suivants :

4.587, — 6.874, — 7.692, — 8,777, — 9.874,
2.405, — 3.608, — 7.504, — 6.502, — 7.301,
4.075, — 5.058, — 6.096, — 7.028, — 5.014,
3.006, — 4.001, — 6.008, — 2.007, — 9.002.

(Après les avoir fait lire, il est bon de dicter ces nombres et de les faire écrire au tableau noir, ou avec des chiffres mobiles.)

Suite. — 9. — **On compte par MILLE, absolument comme nous avons compté de 1 à 999. Si vous avez toujours soin de mettre un point après les MILLE, si vous vous rappelez qu'après avoir écrit les MILLE et placé le point, il faut encore TROIS chiffres pour compléter le nombre, il vous sera facile d'écrire tous les nombres jusqu'à neuf cent quatre-vingt-dix-neuf mille. N'oubliez pas que si rien n'est donné après les mille, il faut trois zéros qui tiennent la place des CENTAINES, des DIZAINES, des UNITÉS simples.**

Lisez les nombres suivants :

10.000, — 30.000, — 40.000 — 60.000, — 90.000, — 100.000, — 200.000, — 500.000, — 800.000, — 900.000, — 25.800, — 36.450, — 75.810, — 92.830, — 99.790, — 34.087, — 142.071, — 648.084, — 11.017, — 174.020, — 6.008, — 12.007, — 125.002, — 9.001, — 291.005, — 600.884, — 501.200, — 600.004, — 50.008, — 303.003.

(Dicter des nombres et les faire écrire au tableau noir, ou au moyen de chiffres mobiles.)

Rendre les nombres suivants *cent fois* plus *grands* :

17, — 90, — 125, — 980, — 67, — 77, — 95, — 158, — 600, — 912, — 800, — 1234,

—1000, — 6740, — 9408, — 6005, — 409,
— 1007, — 508, — 6504, — 5087, — 4009,
— 5908, — 1307.

Rendre les nombres suivants *cent fois* plus petits :

00, — 7800, — 127800, — 4500, — 60900,
00400, — 1700, — 75000, — 198000, —
800, — 94000, — 631000, — 100, — 3000,
0400, — 500800, — 690700, — 100000, —
0000; — 8000.

DEUXIÈME PARTIE

SYSTÈME MÉTRIQUE.

Nous allons aborder l'étude des principales unités du *système métrique*, ou plutôt de celles qu'il est plus facile de faire comprendre aux jeunes élèves : il nous paraît inopportun de nous occuper avec eux des mesures de *surface* et de *volume*.

L'ordre que nous avons adopté ne doit pas laisser croire qu'on ne peut parler aux enfants du *mètre*, du *litre*, du *franc* que lorsqu'ils ont connaissance de la numération parlée et de la numération écrite : nous pensons, au contraire, que les leçons qui vont suivre peuvent s'intercaler dans les précédentes et y apporter une variété désirable.

Il nous paraît aussi nécessaire de faire le plus possible de l'enseignement *par les yeux* : il faut montrer à l'enfant le *mètre*, le *franc*; il faut qu'il mesure lui-même, qu'il porte le *poids*, qu'il s'assure de la *contenance*. Ce n'est qu'à force de faire lui-même usage des différentes mesures, de faire de petites applications journalières, qu'il comprendra et retiendra. Nous regrettons qu'il n'y ait pas dans toutes les écoles une série de *poids* et de *mesures* et surtout l'excellent *nécessaire métrique* de M. Carpentier.

1° LE MÈTRE

1. — PREMIÈRE IDÉE DU MÈTRE. — Supposé que je veuille faire faire un banc comme celui-ci par un charpentier, et que je tienne à lui donner exactement la *longueur*, la *largeur*, l'*épaisseur*, etc. de ce banc, comment lui ferai-je connaître ces dimensions ?

Regardez : voici ce qu'on appelle un *mètre*, c'est-à-dire une mesure pour les longueurs, etc. Le charpentier a aussi un *mètre*. Je mesure ainsi la longueur de ce banc, et je trouve qu'il a quatre fois la longueur du mètre : je dirai donc au charpentier que le banc doit avoir 4 mètres de longueur, et cela voudra dire...?

Mesurez vous-même et dites-moi : la *longueur* de cette table, — la *longueur* et la *largeur* de la classe, — la *largeur* du tableau noir, — la *hauteur* de l'estrade, etc.

Retenez ceci :

Le MÈTRE est l'unité de mesure pour les longueurs.

2. — Continuer à faire mesurer des objets avec le *mètre*.

Faire tracer par les élèves, au tableau noir, d'abord en se servant du mètre, puis sans le leur montrer, des lignes d'un mètre de longueur.

Leur faire remarquer que tous les objets qu'ils mesurent n'ont pas exactement un mètre ou un certain nombre exact de mètres ; qu'il serait difficile si le banc, par exemple, n'avait pas exactement une longueur de 4 mètres, que l'ouvrier fît celui qu'on lui demande absolument pareil.... à moins d'avoir une mesure plus petite que le mètre.

3. — Revenant sur les petites explications déjà données, sur la *moitié* ou *demi*, le *tiers*, le *quart*, le *cinquième*, on arrivera à faire comprendre ce que c'est qu'un *dixième*.

Si l'on partage un gâteau en 10 parts, que sera *une* part comparée à tout le gâteau ?

De même, si la longueur du *mètre* est partagée en 10 petites longueurs égales, que sera l'une de ces petites longueurs par rapport au mètre ?

Chacune de ces parties ne pourrait-elle être

considérée comme une petite mesure qui permettrait de mesurer des longueurs moindres que le *mètre ?*

4. — Mesures plus petites que le mètre : le *décimètre.* — Qu'est-ce que la *demie ?* — le *tiers ?* — le *quart ?* — le *cinquième ?* — le *dixième ?*

Comment s'appelle la petite pièce de monnaie (montrez-la) dont il faut 10 pour faire un franc ?

Qu'est-ce que le *décime* par rapport au franc ?

Le petit mot DÉCI veut dire DIXIÈME partie.

Ne pourrions-nous, avec ce mot, former le nom d'une mesure 10 fois plus petite que le *mètre ?* — Que pensez-vous que signifie le mot DÉCIMÈTRE ? — Combien faut-il de *décimètres* pour un *mètre ?* — Combien un *demi-mètre* a-t-il de *décimètres ?*

Faire trouver en décimètres la longueur d'objets plus petits que le mètre.

5. — Quatre rubans, chacun de deux *décimètres* de longueur, mis bout à bout, font-ils ensemble un *mètre ?*

Si le *décimètre* coûte 2 francs, combien coûte le mètre ?

Quand le *décimètre* coûte 3 francs, quel est le prix du *demi-mètre ?*

Si le mètre d'étoffe coûte 10 francs, combien vaut le *décimètre ?*

La taille de votre petite sœur n'est que de 8 *décimètres*, que manque-t-il pour qu'elle ait un mètre ?

Trois *décimètres*, est-ce le tiers d'un mètre ?

Le mètre de drap coûtant 30 francs, que vaut le *décimètre ?*

Tracez au tableau des lignes de 1, 2, 3, 4, 5 *décimètres*.

Faire remarquer que la largeur d'une main ordinaire est d'environ un *décimètre*.

6. — Un cahier a 3 *décimètres* de longueur, si l'on en place 4 bout à bout, aura-t-on la longueur du mètre ?

Combien y aura-t-il de *décimètres* en trop ?

Quand 2 *décimètres* coûtent 4 francs, combien coûte le *décimètre ?* — un demi-mètre ? — 1 mètre ? — 2 mètres ? — 4 mètres ?

Ce petit escalier a 15 marches, chaque marche a 1 *décimètre* de hauteur : quelle est la hauteur totale ?

Votre papa a 1 mètre et 7 *décimètres* de

hauteur, vous n'avez que 9 *décimètres* : a-t-il bien deux fois votre taille?

7. — DIVISION DU DÉCIMÈTRE. — Bien que plus petit que le mètre, le *décimètre* ne suffit pas toujours pour mesurer exactement certains objets; il y a d'ailleurs des objets plus petits que le *décimètre* (en montrer) : comment les mesurer ?

Ne pourrait-on pas aussi partager le *décimètre* en 10 parties comme on l'a fait pour le mètre ?

Voici le boulier-compteur : il y a dix lignes de boules, chaque ligne est *la dixième* partie de toutes les boules; mais chaque ligne a 10 boules, une boule est donc la dixième partie des boules d'une ligne : combien y a-t-il de boules dans tout le boulier ?

Quand on partage un objet en 10 parties, si de chaque partie on fait encore 10 morceaux, combien y aura-t-il de morceaux ?

8. — LE CENTIMÈTRE. — Vous savez ce que c'est que le *centime?* — Combien en faut-il pour un *décime?* — pour un franc ?

Quel mot a-t-on employé pour dire *dixième* partie ?·

Si l'on partage le mètre en 100 petites longueurs égales ,comment nommerons-nous l'une de ces petites longueurs ?

Le petit mot CENTI signifie CENTIÈME partie.

Vous sera-t-il difficile de trouver un nom à la *centième* partie du mètre ?

Qu'est-ce que le *centimètre ?* — Combien en faut-il pour un *mètre ?* — pour un *décimètre ?*

Pouvez-vous exprimer en *décimètres* le quart d'un mètre ?

Quel est le quart de 100 ?

Combien le quart de mètre vaut-il de *centimètres ?*

Tracez des lignes de 5, 10, 15, 20, 25 *centimètres.*

Faire trouver en *centimètres* la longueur de quelques objets.

9. — Combien faut-il de petites règles de 5 centimètres pour avoir la longueur d'un *décimètre ?* — de 2 *décimètres ?* — d'un quart de mètre ? — de 3 *décimètres ?* — de 4 *décimètres ?* — d'un demi-mètre ? — de 6 *décimètres ?* — de 7 *décimètres ?* — de trois quarts de mètre ?

Quand 25 *centimètres* de ruban coûtent 25 centimes, quel est le prix du mètre ?

Que manque-t-il à 85 *centimètres* pour faire un mètre ?

J'avais un mètre de ruban ; j'en ai pris 35 *centimètres* , puis un demi-mètre : que reste-t-il ? (*Le montrer sur une ligne tracée au tableau noir.*)

10. — La longueur du pas d'un enfant est de 25 *centimètres* , combien cet enfant fera-t-il de pas pour aller d'un bout à l'autre d'une classe de 8 mètres de longueur ?

J'ai des planches de 8 *centimètres* de largeur, combien en faudra-t-il pour un panneau dont la largeur est de 8 décimètres ?

On doit partager un mètre de toile en bandes de 5 *centimètres*, combien aura-t-on de bandes ?

Faire tracer au tableau des lignes de différentes longueurs, des triangles, des carrés, etc. dont les côtés doivent avoir telles longueurs indiquées.

11. — LE MILLIMÈTRE. — En partageant le *centimètre* en dix très-petites longueurs, on peut, plus exactement encore, indiquer la longueur de certains objets. Combien y a-t-il de dernières parties dans un *centimètre* ?

Combien y en aura-t-il dans 10 *centimètres* ou un *décimètre ?*

Combien le *mètre*, qui vaut 10 *décimètres*, en contiendra-t-il ?

Qu'est-ce que sera une de ces petites parties par rapport au mètre ?

Le mot MILLI signifie millième partie.

Que croyez-vous que soit un *milli*mètre ?

Que manque-t-il à 8 *millimètres* pour faire un *centimètre ?*

125 *millimètres* est-ce plus grand qu'un *décimètre ?*

500 *millimètres* est-ce la même chose qu'un demi-mètre ?

12. — Numération écrite des mesures plus petites que le mètre. — Le rang des *dizaines* est-il à droite ou à gauche des *unités ?*

Quel est le rang des *centaines* par rapport aux *dizaines ?* — aux *unités ?*

Quel est celui des *mille* par rapport aux *centaines ?* — aux *dizaines ?* — aux *unités ?*

En allant de droite à gauche, les nombres sont donc de DIX en DIX fois plus grands.

Et si on les considère en allant de gauche à droite ?

Que représenterait alors un chiffre qu'on placerait à droite des unités? — Et celui qu'on placerait après les *dixièmes*, c'est-à-dire celui qui occuperait le deuxième rang à droite des unités ? — Et celui qui viendrait au troisième rang ?

Le premier chiffre à droite après les unités est au rang des **DIXIÈMES.**
Le second chiffre à droite après les unités est au rang des **CENTIÈMES.**
Le troisième chiffre à droite après les unités est au rang des **MILLIÈMES.**
On a soin de mettre une virgule (,) après les unités pour les séparer des nombres plus petits.

Quelle sera alors la place des *décimètres ?* — Quelle sera celle des *centimètres ? —* A quel rang seront les *millimètres ?*

13.—Lisez les nombres suivants en vous rappelant que (^{m}) veut dire *mètre* : $4^m,6$ — $52^m,8$ — $340^m,75$ — $6850^m,478$ — $8^m,80$ — $8^m,07$ — $39^m,004$ — $6^m,023$ — $12^m,548$ — $12^m,050.$

Quand il n'y a pas de mètre, le zéro (0) en tient la place : $0^m,5$ — $0^m, 72$ — $0^m,125$ — $0^m,05$ — $0^m,10$ — $0^m,028$ — $0^m,008$ — $0^m,784$ — $0^m,88$ — $0^m,090$ — $0^m,07$ — $0^m,035$ — $0^m,001.$

Ecrivez maintenant : huit mètres, cinq décimètres ; — quarante-huit mètres, quatre décimètres ; — cent-neuf mètres, vingt-cinq centimètres ; — mille quatre mètres, deux cent quatre-vingt-douze millimètres ; — sept cent vingt-huit millimètres ; — huit décimètres ; — quatre centimètres ; — cinq millimètres, etc.

14. — MESURES PLUS GRANDES QUE LE MÈTRE. — LE DÉCAMÈTRE.

(Il faut habituer de bonne heure les enfants avec les mots qui, dans le système métrique, désignent les multiples. Pour les sous-multiples, le rapport de prononciation entre les mots *déci*, *centi*, *milli* et les mots *dixième*, *centième*, *millième*, est si facile à saisir que les enfants retiennent vite le rapport de sens. Ce rapport n'est pas aussi facile pour les multiples, mais il n'y a guère que trois mots à retenir.)

Le mot DÉCA veut dire dix.

Si l'on place le mot *mètre* après le mot *déca*, quel mot forme-t-on ?

Que signifie le mot *déca* ? — Que veut dire le mot DÉCA*mètre* ?

Qu'est-ce que 3, 7, 9 *décamètres* ?

Dans 45 mètres, combien y a-t-il de dizaines de mètres ? — Combien de *décamètres* ?

Que manque-t-il à 45 mètres pour faire
5 *décamètres* ?

Ceux qui mesurent les champs ont une longue
chaîne de dix mètres qui s'appelle...? — Si
on la porte 8 fois sur le côté d'un champ
et qu'il reste encore une longueur de 7 mètres,
quelle est la longueur de ce champ ?

15. — L'HECTOMÈTRE. — De même qu'il y a
un nom pour désigner 10 *millimètres*... lequel?
— pour 10 *centimètres*... lequel ? — pour 10
décimètres... lequel ? — pour 10 *mètres*....
lequel ? — il y en a un aussi pour 10 *décamètres*.

Le mot HECTO signifie CENT.

Comment nommera-t-on une longueur de
chemin de dix *décamètres* ?

Quand on mesure de la toile, du drap, une
maison, etc., on n'emploie pas les mots *décamètre*, *hectomètre*, mais on s'en sert pour des
longueurs de routes, et alors au lieu de dire
100 mètres, on dit...?

Qu'est-ce qu'un *hectomètre* ? — Combien
l'*hectomètre* vaut-il de *décamètres* ?

Si votre pas est d'un demi-mètre, combien
en ferez-vous pour un *hectomètre* ?

On doit paver une route sur une longueur de 5 *hectomètres*, on n'a encore pavé que 300 mètres : que reste-t-il ?

16. — LE KILOMÈTRE. — Quel nom donne-t-on à dix fois *cent* ?

Il faut aussi trouver un nom pour dix *hecto-mètres* ou *mille* mètres.

Le mot KILO veut dire MILLE.

KILO*mètre*, que signifie-t-il ?

Combien le *kilomètre* vaut-il d'*hectomètres* ? — de *décamètres* ? — de *mètres* ?

Qu'est-ce qu'un *demi-kilomètre* ?

Un petit enfant qui mettrait 5 minutes pour parcourir un *hectomètre*, quel temps mettrait-il pour un *kilomètre* ?

NOTA. Si l'on croit bon d'aborder maintenant le mot *Myria*, puis *myriamètre*, on suivra les mêmes procédés.

17. — NUMÉRATION ÉCRITE DES MESURES PLUS GRANDES QUE LE MÈTRE. — Quel nom donne-t-on à une *dizaine* de mètres ? — à une *centaine* de mètres ? — à *mille* mètres ?

Quel sera, par rapport aux unités de mètres, le rang qu'occuperont les *décamètres* ? — les *hectomètres* ? — les *kilomètres* ?

Tâchez d'écrire en chiffres : six hectomètres,

huit décamètres, cinq mètres ; — quatre kilomètres, vingt-cinq mètres ; — six kilomètres, trente-huit décimètres ; — quatre-vingt-dix-neuf hectomètres ; — huit kilomètres, cinq décamètres, six mètres ; — dix-sept décamètres ; — dix-huit hectomètres, huit mètres ; — sept hectomètres, soixante-quinze mètres ; — quarante-cinq kilomètres, cinq décamètres ; — soixante-douze kilomètres, trois cent-huit mètres ; — quatre kilomètres, deux mètres ; — vingt kilomètres, huit cents mètres.

Lisez les nombres suivants (k veut dire *kilomètre*) : $5^k,864$ — $6^k,025$ — $32^k,008$ — $4^k,5$ — $6^k,32$ — $18^k,005$ — $0^k,9$ — $0^k,08$ — $0^k,085$ — $0^k,634$ — $0^k,003$ — $0^k,604$.

18. — RÉCAPITULATION. — Tâchons de retrouver tous les noms que nous avons appris.— Comment s'appelle l'unité des mesures pour les longueurs, la principale, puisqu'elle a donné son nom au système *métrique ?*

Nous avons trouvé trois mots pour désigner des mesures plus petites que le mètre , d'abord pour la *dixième* partie, c'est…? — puis pour la *centième* partie, c'est…? — enfin pour la *millième* partie, c'est…?

Nous avons aussi des mots pour exprimer des mesures plus grandes : d'abord un mot qui veut dire *dix* : c'est...? — puis un autre mot qui veut dire *cent* : c'est...? — un autre mot signifiant *mille* : c'est...?

Retenez bien ces mots DÉCI, CENTI, MILLI, et DÉCA, HECTO, KILO ; comprenez bien ce qu'ils expriment, car nous les retrouverons avec d'autres mesures. Les voici formant les noms de mesures de longueur :

Kilomètre, ou 1,000	mètres,	
hectomètre, 100	mètres,	
décamètre, 10	mètres,	
MÈTRE, 1	mètre	(unité de mesure),
décimètre, $0^m,1$	(dixième partie du mètre),	
centimètre, $0^m,01$	(centième partie du mètre),	
millimètre. $0^m,001$	(millième partie du mètre).	

2° LE FRANC. — LES MONNAIES.

Remarque. Cette étude est très-facile, car déjà les enfants connaissent la valeur de quelques *monnaies*, et ils n'ont que trois mots à retenir : *franc*, *décime*, *centime*. Cette étude ne demandera donc pas les détails que nous avons donnés à celle du *mètre*, et, par la largeur des pièces de billon, elle permettra de revenir sur les mesures de longueur. C'est ce qui nous décide à la placer immédiatement après le *mètre*.

1. — Le franc. — Voici une pièce d'argent (montrer un franc), que vaut-elle ?

En voici une autre un peu plus grande, pesant le double de la première, qu'est-ce ?

Avez-vous vu des pièces de 3 francs, de 4 francs ? — Non, il n'y en a pas.

Mais en voici une, la plus grande en argent, qui pèse autant que cinq de celles de 1 franc : combien vaut-elle ?

Le FRANC est l'unité pour les MONNAIES.
Les MONNAIES sont des pièces de métal avec lesquelles on achète, on paie, etc.

2. Le décime. — Connaissez-vous ceci (montrer un *décime*) ? — Combien cela vaut-il ?

Que veut dire *déci* ? — *déci*mètre? — *décime* ?

Combien faut-il de *décimes* pour un *franc?*

Voici un *franc*, en argent, et un *décime :* quelle est la plus lourde de ces deux pièces?

Comment! le *décime* est plus lourd que le *franc ?*

Mettons dans cette balance, d'un côté un *décime*, de l'autre une pièce de deux *francs :* quelle est la pièce la plus lourde?

Si elles ont le même poids, ont-elles la même valeur?

Voyez : sont-elles de même couleur, de même métal?

3. — VALEUR DES MÉTAUX. — RELATION ENTRE LES MONNAIES DE BILLON ET CELLES D'ARGENT. — La pièce de deux francs, de quel métal est-elle? — Et la pièce de un décime?

Le métal qu'on appelle *argent* est beaucoup plus rare que le métal qu'on appelle *cuivre* ou *billon ;* aussi, quoique ces deux pièces aient même poids, elles n'ont pas même valeur. — Il y a encore un métal plus rare, plus précieux que l'argent, c'est l'*or.*

Mais continuons.

Combien faut-il de pièces de un *décime* pour avoir la valeur d'une pièce de *deux francs ?*

Pourriez-vous me dire combien de fois une bourse de monnaies de billon doit peser autant que celle qui contient de la monnaie d'argent, pour avoir la même valeur ?

4. — LE CENTIME. — Y a-t-il des pièces d'argent plus petites que celles de 1 franc?

En voici une qui vaut la moitié de 1 franc, c'est donc un *demi-franc :* combien vaut-elle de *décimes ?*

5 *décimètres,* combien représentent-ils de *centimètres?* — Combien y a-t-il de *centimètres* dans un mètre ? — Comment appellerons-nous la *centième* partie de 1 franc ?

Le **CENTIME** est le nom de la plus petite pièce de monnaie.

Combien un demi-franc vaut-il de *centimes?*

N'y a-t-il pas encore une pièce d'argent plus petite que le demi-franc? — Vaut-elle la moitié de celle de 50 *centimes?*

Si elle vaut le double du *décime,* combien vaut-elle de *centimes ?*

La pièce de **VINGT CENTIMES** est la plus petite pièce d'**ARGENT**, et elle pèse autant que le **CENTIME** ou la plus petite pièce de **CUIVRE**.

5. — MONNAIES EN ARGENT. — Combien faut-il

de pièces de 20 centimes pour valoir 1 *franc ?* — 2 *francs ?* — 5 *francs ?*

Combien y a-t-il de pièces de monnaie en argent? — Que valent-elles?

Pourquoi ne fait-on pas, en argent, de plus petites pièces que celles de 20 centimes, et de plus grosses que celles de 5 francs ?

(Des pièces d'*argent* plus petites que celles de 20 centimes se perdraient ou s'useraient facilement; celles qui seraient plus grosses que celles de 5 francs seraient gênantes ; d'ailleurs il y en a, valant moins que 20 centimes et plus que 5 francs, mais en d'autres métaux.)

Je mets dans ce plateau de balance une pièce de 5 francs : combien devrai-je mettre de l'autre côté, d'abord de pièces de 50 centimes, puis de pièces de 20 centimes pour avoir le même poids ?

Combien les pièces de 1 franc, 2 francs, 5 francs ont-elles de fois le poids de la pièce de 20 centimes ?

6. — MONNAIES DE BILLON. — La plus gross pièce de cuivre, c'est...?

Combien faut-il de ces pièces pour 1 franc ?

Pourquoi s'appelle-t-elle *décime ?*

Connaissez-vous une pièce en cuivre plus petite et valant la moitié ?

Combien faut-il de pièces de 5 centimes pour faire 1 franc ?

Sans les peser, pourriez-vous dire laquelle est la plus lourde, de la pièce de 5 centimes ou de celle de 1 franc ?

Mettez 4 pièces de 5 centimes à côté l'une de l'autre, se touchant en ligne droite ; mesurez : quelle longueur ont-elles ensemble ?

Si avec 4 pièces de 5 centimes on obtient la longueur d'un *décimètre*, combien faudra-t-il placer de pièces, en ligne droite, pour un *mètre ?*

Quelle est la moitié d'un décimètre ? — la moitié de 5 centimètres ?

Quelle est la largeur d'une pièce de 5 centimes ?

7. — Y a-t-il des pièces un peu plus petites que celles de 5 centimes ?

Mesurez celle de 2 centimes : que trouvez-vous ?

Combien en faudrait-il, se touchant en ligne droite, pour faire la longueur d'un mètre ?

Quelle valeur ces cinquante pièces auraient-elles ?

Si vous voulez avoir la longueur d'un *décimètre*, combien placerez-vous de ces pièces à côté l'une de l'autre ?

Quelle différence entre la largeur d'une pièce de 5 centimes et celle de 2 centimes ?

8. — Quelle est la plus petite pièce de monnaie ?

Quelle est celle en argent qui a le même poids ?

Combien faut-il de centimes pour avoir la valeur de chacune des pièces de monnaie jusqu'à 1 franc ?

J'ai 3 *décimes*, 6 pièces de 5 *centimes*, 10 pièces de 2 *centimes*, combien faudra-t-il encore de pièces de 2 *centimes* pour faire 1 *franc* ?

Quelles sont toutes les pièces de billon ou de cuivre ?

Dites-en la largeur, sachant qu'elles diffèrent de l'une à l'autre de 5 *millimètres*, et que la plus petite a 15 *millimètres*.

9. — NUMÉRATION ÉCRITE DU FRANC ET DE SES DIVISIONS. — Lisez les nombres (f veut dire *franc*) : 4^f,8 — 1687^f,5 — 125^f,75 — 2^f,08 — 6^f,92 — 0^f,9 — 0^f,07 — 0^f,28 — 0^f,30 — 0^f,70 — 0^f,90.

Dicter d'autres nombres ou les écrire en

toutes lettres au tableau noir et les faire écrire en chiffres.

10. — MONNAIES D'OR. — On fait aussi, en or, des pièces de 5 francs ; pouvez-vous me dire, sachant que l'or est beaucoup plus précieux que l'argent, si ces pièces de 5 francs en or doivent être beaucoup plus petites que les pièces de 5 francs en argent ?

Pourquoi ne fait-on pas, en or, des pièces de 2 francs, de 1 franc ?

L'or est-il de même couleur que l'argent ? — A quel autre métal ressemble-t-il ? — Est-il plus précieux que le cuivre ?

Il y a des pièces d'or qui valent 2 fois, 5 fois, 10 fois, 20 fois la plus petite pièce d'or, dites-en la valeur.

Combien faut-il des plus grosses pièces d'or pour 1000 francs ?

11. — RÉCAPITULATION. — Nommez toutes les pièces de *cuivre*.

Quelles sont toutes les pièces d'*argent ?*

Quelles sont celles en *or ?*

REMARQUEZ CECI : 1, 2, 5 centimes, — 1, 2, 5 décimes, — 1, 2, 5 francs, — 1, 2, 5 dizaines de francs, — 1 centaine de francs.

Voilà la valeur de toutes les pièces de monnaie, et vous voyez toujours les mêmes chiffres : 1, 2, 5 ; c'est que dans le *système métrique*, les mesures qui existent réellement sont toujours représentées par ces chiffres 1, 2, 5 , et comme 2 est le *double* de 1, et 5 la moitié de 10, on dit que, généralement,

les mesures ont leur DOUBLE et leur MOITIÉ.

Voici le tableau de toutes les monnaies :

Or	pièce de	**100** francs,
	id.	**50** francs, (Il en existe encore de **40** fr.)
	id.	**·20** francs,
	id.	**10** francs,
	id.	**5** francs,
Argent	pièce de	**5** francs,
	id.	**2** francs,
	id.	**1** franc,
	id.	**0**f, **5**,
	id.	0f, **2**,
Cuivre	pièce de	0f, **1**,
	id.	0f, **05**,
	id.	0f, **02**,
	id.	0f, **01**.

Il ne doit pas y avoir de difficulté pour lire ces derniers nombres, si vous vous rappelez que le premier chiffre après la virgule exprime des *dixièmes*, et ici, des *décimes*, que le second chiffre après la virgule représente des *centièmes*, et ici, des *centimes*.

La petite lettre f placé après le zéro (0) signifie *franc*.

3° LE LITRE. — CAPACITÉ.

1. — LE LITRE. — Avez-vous quelquefois vu ceci (montrer un litre)? — Où? — A quoi sert-il?

Cette mesure s'appelle un *litre*.

Si je dis qu'un vase est rempli quand on y verse cinq fois cette mesure pleine, combien ce vase contiendra-t-il? — Quelle sera sa *contenance* ou sa *capacité?*

Le LITRE est l'unité de mesure de CONTENANCE ou de CAPACITÉ.

Savez-vous ce que l'on achète au *litre?*

N'achète-t-on que de la bière, du vin, de l'huile, de l'eau-de-vie?

Comment appelle-t-on ce qui coule, comme l'eau? — Nommez des *liquides.*

Avec le litre on ne mesure pas seulement des *liquides,* on mesure aussi des grains, des graines. Connaissez-vous des grains?

2. — Pensez-vous qu'on puisse acheter le blé au mètre? — Qu'on puisse demander un décimètre de vin? — 25 centimètres d'huile?

Mesure-t-on ces choses-là au mètre?

Peut-on les mesurer avec un *litre ?*

Comment fait-on pour mesurer un litre de vin, de blé, d'avoine, etc.

Voici deux mesures : l'une est en étain, l'autre est en bois ; la première est plus haute que l'autre, et pourtant elles ont la même contenance : comment cela peut-il se faire ?

L'une et l'autre sont un *litre* : peut-on s'en servir indifféremment pour tout ce qui se mesure au *litre ?*

3. — LE DÉCILITRE. — Que signifie le mot *déci ?* — DÉCImètre *?* — DÉCIme *?*

Comment nommeriez-vous une mesure dix fois plus petite que le litre, c'est-à-dire qui serait la *dixième* partie du litre?

Si le litre coûte 2 francs, combien vaut le *décilitre ?*

Voici un vase, il contient 8 *décilitres ;* cet autre, c'est un *litre :* quelle est la différence?

Quand le *décilitre* de vin vaut 10 centimes, quel est le prix du *litre?*

Voici un vase, il débordera si l'on y verse 5 *décilitres ,* il ne sera pas entièrement rempli si l'on y verse 4 décilitres : pouvez-vous en dire exactement la contenance ?

4. — LE CENTILITRE. — Si nous trouvons une petite mesure qui ne soit que la centième partie du litre, comment la nommerons-nous? — Rappelez-vous *centi*, *centime*, *centimètre*.

Ainsi notre dernier vase peut contenir 46 *centilitres ;* quelle quantité s'épanchera si l'on y verse 5 *décilitres?*

Voici un petit vase, on ne peut y mettre que 4 *centilitres* : combien le remplirait-on de fois avec un litre ?

J'ai demandé trois quarts de litre, on ne m'a donné que 60 *centilitres* : que me manque-t-il ?

Combien faut-il de *centilitres* pour un *décilitre?* — pour un *demi-litre?*

5. — LE MILLILITRE. — Si l'on voulait exprimer des quantités plus petites que le centilitre, quel mot trouverait-on pour désigner une mesure dix fois plus petite que le centilitre ?

Qu'est-ce qu'un *millimètre ?* — un *millilitre ?*

Pensez-vous qu'on fasse des mesures d'un *millilitre?* Seraient-elles grandes? Vous avez vu des dés à jouer; supposez une petite boîte qui contienne tout juste un de ces dés dont la hauteur serait d'un centimètre, cette petite boîte contiendrait un *millilitre* : est-ce grand ?

6. — DÉCALITRE, HECTOLITRE, KILOLITRE. — Vous rappelez-vous les trois mots étrangers que nous avons joints au mot *mètre* pour exprimer des longueurs *dix* fois, *cent* fois, *mille* fois celle du mètre ?

Que signifie *déca*, *hecto*, *kilo?*

Si je dis un *décalitre*, qu'est-ce que cela veut dire? — un *hectolitre?* — un *kilolitre?*

Avez-vous déjà vu un *hectolitre?* — et un *kilolitre ?*

Pourquoi ne fait-on pas des mesures d'un *kilolitre?* Serait-il bien facile de s'en servir?

Combien l'*hectolitre* vaut-il de fois le *décalitre?*

Quand l'*hectolitre* de blé vaut 30 francs, combien coûte le *décalitre?*

Si le *décalitre* de vin coûte 20 francs, quel est le prix du *litre?* — A combien reviendrait le *décilitre?* (A peu près un verre ordinaire.)

Une liqueur vaut 10 centimes le *centilitre*, combien coûte le litre? — le décalitre? — l'hectolitre ?

7. — MESURES RÉELLES DE CAPACITÉ OU DE CONTENANCE.

Les mesures réelles de capacité, c'est-à-dire celles qu'on ait, qui existent, partent du CENTILITRE et s'arrêtent à l'HECTOLITRE; elles valent UNE fois, DEUX fois, CINQ fois le CENTILITRE, le DÉCILITRE, le LITRE, le DÉCALITRE.

Nommez toutes les mesures réelles de capacité ?

Chaque mesure a-t-elle son double et sa moitié ?

Existe-t-il des mesures de 3 décilitres? — de 4 litres? — de 7 décalitres ?

Dites maintenant combien il faudrait de mesures, le moins possible, pour 3 litres; — 6 litres; — 8 litres; — 9 litres. = 25 centilitres; — 45 centilitres; — 65 centilitres; — 75 centilitres; — 98 centilitres. = 8 décalitres. = 5 hectolitres

Peut-on mesurer un *demi-litre* avec une seule mesure? — et le quart d'un litre ?

(On comprend combien ces exercices sont faciles avec la série des mesures.)

8. — RÉCAPITULATION. — Rappelez-vous comment nous avons écrit et lu les nombres exprimant des longueurs, et tâchez d'écrire en chiffres :

Trois hectolitres, huit litres, vingt-cinq centilitres ; — quatre décalitres, cinq décilitres ; — trente hectolitres, quarante-cinq centilitres ; — vingt-huit décalitres, cinq litres, deux décilitres ; — six décilitres, huit millilitres ; — vingt-huit centilitres ; — quarante-cinq millilitres.

Lisez : $3^h,08 - 5_h,4 = 607^l,27 - 40^l,40 - 25^l,08 - 78^l,070 = 0^h,8 - 0^h,05 - 0^h,067 - 0^l,6 - 0^l,07 - 0^l,085 - 0^l,050.$

(h veut dire *hectolitre* ; — l signifie *litre*.)

Comment nomme-t-on la dixième partie du litre ? — la centième ? — la millième ?

Comment dit-on dix litres ? — cent litres ? — mille litres ?

Que mesure-t-on à l'hectolitre ? — au litre ? Nommez toutes les mesures réelles ?

Voici le tableau des principales mesures :

Kilolitre ou 1,000 litres,		
hectolitre	100 litres,	
décalitre	10 litres,	
LITRE	1 litre	(unité de mesure),
décilitre	$0^l, 1$	(1 **dixième** du litre),
centilitre	$0^l, 01$	(1 **centième** du litre),
millilitre	$0^l, 001$	(1 **millième** du litre).

4° LE GRAMME. — LES POIDS.

1. — LE POIDS. — Quand nous avons voulu savoir si la pièce de 2 francs est plus lourde que la pièce de 2 sous, qu'avons-nous fait?

Qu'est-ce que peser?

Qu'est-ce qu'une balance?

Deux barres de mêmes dimensions l'une en bois, l'autre en fer, pèsent-elles autant l'une que l'autre?

Avez-vous remarqué ce qui arrive quand on verse de l'huile sur de l'eau, ou de l'eau sur de l'huile? — Lequel des deux liquides se place au fond du vase? — Pourquoi l'huile se place-t-elle au-dessus de l'eau?

Que pensez-vous qui pèse le plus : un litre d'huile ou un litre d'eau?

Si je dis la longueur, la largeur, l'épaisseur d'une barre de fer, cela vous dit-il si elle pèse beaucoup?

Il y a donc encore quelque chose à évaluer?

Il faut donc aussi des mesures de *poids?*

2. LA BALANCE. — Voici une balance : les deux plateaux sont vides, et tous les deux sont

à la même hauteur ; 'qu'arrivera-t-il si je mets un poids de ce côté ?

Pourquoi ce plateau baisse-t-il ?

Je mets du sable dans le plateau qui était remonté : quand les deux plateaux seront-ils à la même hauteur ?

Les y voici : de quel côté est-ce plus lourd ?

Si je change le poids et le sable de côté, un des plateaux baisse-t-il ? Ainsi le sable a même poids que le poids placé dans l'autre plateau, et si je connais le nom de ce poids, je connais aussi le poids du sable. Nous allons chercher les noms des poids.

3. — LE GRAMME. — La petite pièce de 1 centime est-elle lourde ? Mettons un centime dans ce plateau , cherchez parmi ces poids celui qui ramènera les plateaux à la même hauteur. Ce petit poids s'appelle 1 *gramme*.

Le GRAMME est l'unité de mesures pour les poids.

Ainsi 1 centime pèse... ? — 2 centimes ? — 5 centimes ?

N'y a-t-il pas une petite pièce d'argent qui a le même poids que le centime ?

Combien pèse la pièce de 20 centimes ?

Combien pèse le franc, en argent ?

4. — Décigramme, centigramme, milligramme. — Le gramme est déjà un bien petit poids, mais on peut encore avoir à peser des objets moins lourds, surtout des objets de grand prix quoique très-petits, des objets en or, des pierres précieuses, ou des médicaments qu'il faut prendre en très-petites portions.

Si vous vous rappelez comment vous avez nommé les mesures plus petites qué le *mètre*, que le *litre*, vous trouverez facilement les noms des poids 10 fois, 100 fois, 1000 fois plus petits que le gramme.

Voyons : *décimètre, décilitre,* et avec *gramme, déci.....? — centimètre, centilitre, centi.....? — millimètre, millilitre, milli.....?*

Ainsi la dixième partie du *gramme* s'appelle.....? — la *centième* partie.....? — la *millième* partie..... ?

5. — Décagramme, hectogramme, kilogramme. — Un centime pèse 1 gramme, — 1 décime pèse...?

Mais il y a aussi des noms pour 10, 100, 1000 grammes. Quels mots avez-vous déjà employés pour remplacer 10, 100, 1000 ?

Si vous ajoutez le mot *gramme* à ces mots, qu'obtenez-vous ?

Ainsi un *déca*gramme, c'est...? — un *hecto*gramme, c'est... ? — un *kilo*gramme ?

Le KILOGRAMME est le poids dont on se sert le plus souvent dans les pesées ordinaires.

Ainsi on dit d'un enfant qu'il pèse 25 *kilogrammes*, qu'un hectolitre de blé pèse 75 *kilogrammes*, qu'un veau, un porc, une vache, etc. pèsent tant de *kilogrammes*. On achète du sucre, du café, du savon au *kilogramme*.

Trouvez encore des choses qu'on achète au poids.

6. — POIDS RÉELS. — Vous vous rappelez comment nous avons trouvé toutes les mesures réelles de *capacité*. On a fait les poids d'après les mêmes principes. Trouvez les poids réels depuis le *gramme* jusqu'au *kilogramme*.

Un petit garçon va acheter un *quart* de *kilogramme* de sucre, combien le marchand doit-il mettre de poids dans la balance ?... Cherchons ensemble : Un kilogramme vaut combien d'*hectogrammes* ? La moitié de 10, c'est...? donc la moitié d'un kilogramme c'est 5 hectogrammes.

Combien sera-ce, la moitié de 5 hectogrammes?
— Combien cinq hectogrammes valent-ils de
décagrammes? — Quelle est la moitié de
50 décagrammes? — Y a-t-il un poids de 25
décagrammes? — Y a-t-il un poids de 2 hectogrammes ou 20 décagrammes? — Y en a-t-il
un de 5 décagrammes? — Ainsi, pour peser le
quart du kilogramme, il faudra...?

7. Varier l'exercice précédent en se servant autant que possible des poids réels, en laissant aux
enfants le plaisir de chercher eux-mêmes les poids
convenables. Il est bon de faire faire des pesées par
les enfants, de les habituer à bien distinguer les poids.

Ecrivez en chiffres : quatre kilogrammes,
six hectogrammes, trois décagrammes, huit
grammes ; — trois kilogrammes, six décagrammes ;—cinq hectogrammes, huit grammes ;
— trente-quatre décagrammes, six décigrammes ;
— vingt-huit centigrammes ; — quarante-cinq
milligrammes.

Lisez : $8^k,675 — 9^k,028 — 6^k,005 — 0^k.4$
$— 0^k,45 — 8^g,4 — 16^g,45 — 6^g,795 — 35^g,08$
$— 745^g,025 — 0^g,2 — 0^g,06 — 0^g,458 —$
$0^g,006 — 0^g,045$

(k veut dire *kilogramme*, g signifie *gramme*.)

Voici le tableau des principaux poids :

Kilogramme ou 1,000 grammes,
hectogramme 100 grammes,
décagramme 10 grammes,
GRAMME 1 gr. (unité pour les poids),
décigramme 0^g, 1 (**1 dixième** du gramme),
centigramme 0^g, 01 (**1 centième** du gramme),
milligramme 0^g, 001 (**1 millième** du gramme).

8. — RÉCAPITULATION GÉNÉRALE. — Que fait-on pour connaître la *longueur*, la *largeur*, l'*épaisseur* d'une planche, d'un banc, etc. ?

Quelle est l'unité des mesures de *longueur ?*

Quand on veut connaître la *contenance*, la *capacité* d'un vase, se sert-on du *mètre ?*

Que faire pour savoir la quantité de liquide que peut contenir un vase ?

Quelle est l'unité des mesures de *capacité ?*

9. — Vend-on le pain au *mètre ?* au *litre ?*

Qu'est-ce que peser ?

Quelle est l'unité des mesures de poids ?

N'est-ce jamais le *kilogramme ?*

Comment s'assure-t-on qu'un pain pèse 3 kilogrammes ?

Nommez des choses qu'on mesure avec le *mètre ;* — d'autres avec le *litre ;* — d'autres qu'on vend au *poids*.

Quels mots emploie-t-on pour dire 10, 100, 1000 — dixième, centième, millième ?

Dites le poids de toutes les monnaies de cuivre et d'argent, sachant que 1 centime pèse 1 gramme, et 1 franc, en argent, 5 grammes.

10. — J'ai placé 40 pièces de 5 centimes, se touchant en ligne droite ; puis j'ai fait une autre ligne avec 50 pièces de 2 centimes : quelle est la plus longue ligne ?

Combien chaque ligne a-t-elle de décimètres? — de centimètres ? — de millimètres ?

Quelle est la valeur de toutes les pièces de la première ligne ? — de la seconde ?

Combien la première vaut-elle de centimes ?

Combien les pièces de la première ligne pèsent-elles ensemble ?

Quel nom peut-on encore donner à 200 grammes ?

Combien faut-il de fois 2 hectogrammes pour 1 kilogramme ?

Combien de centimes dans 10 francs ? — Combien 10 francs, en monnaie de cuivre, pèsent-ils ?

Quelles sont les pièces en or ?

TABLE

3° CENT PETITS PROBLÈMES.

4° NOMBRES DE CENT A MILLE.

2me PARTIE. — SYSTÉME MÉTRIQUE.

1° LE MÈTRE.

— LILLE. LIBRAIRIE QUARRÉ. 1874. —

Carte murale du département du Nord,
par MM. GRIMON et PRESTAT, collée sur toile
vernie, bâtons. .   .   .   .   25 »

Notice sur la carte du département du Nord,
par les mêmes. in-18 piq. forte.   .   » 25

Géographie du Nord, par Ad. JOANNE, 20 gravures et une carte. in-12 cart. léger.   » 80

Géographie du Pas-de-Calais, par le même.
16 gravures et une carte. in-12 cart. léger. » 80

Atlas des Écoles primaires, par BÉNARD, avec la
Carte du Nord ou du *Pas-de-Calais*. oblong. 1 10

Atlas de Géographie moderne, à l'usage des
écoles primaires, par PÉRIGOT, avec la *Carte du
Nord* ou du *Pas-de-Calais*. gr. in-8°.   1 10

Carte routière du Nord, par M. ROMAIN, agent-
voyer chef du Nord; magnifique impression,
plusieurs couleurs.   .   .   .   6 75

Carte du Nord et du Pas-de-Calais, par
M. ROBAUT   .   .   .   .   .   3 »

Carte du Nord, par le même.   .   .   1 25
»   »   plus petite.   » 75

Carte du Pas-de-Calais, par le même.   1 25